ARCHIV FÜR TIERERNÄHRUNG

UNTER MITWIRKUNG VON

Prof. Dr. A. Hock, Berlin. Prof. Dr. Dr. W. Lenkeit, Göttingen

Prof. Dr. Dr. h. c. K. Nehring, Rostock. Prof. Dr. Dr. Dr. h. c. W. Wöhlbier, Stuttgart-Hohenheim

HERAUSGEGEBEN VON

ERNST MANGOLD

Prof. Dr. med. Dr. phil. Dr. med. vet. h. c. Dr. agr. h. c. Dr. agr. h. c.

Direktor em. des Instituts für Tierernährungslehre

der Humboldt-Universität Berlin

11. BAND

Ausgegeben am 1. FEBRUAR 1961

HEFT

1

AKADEMIE-VERLAG · BERLIN

ARCH. TIERERNÄHRUNG · 11. BAND NR. 1 · S. 1–74 · BERLIN · 1. FEBRUAR 1961

INHALT

Das Archiv für Tierernährung erscheint zweimonatlich in Heften zu 80 Seiten im Format 17,5 × 25 cm unbeschnitten. Der Preis des Heftes beträgt DM 8,50. 6 Hefte werden zu einem Band vereinigt. Der Besteller muß sich zur Abnahme eines Bandes verpflichten. Die Hefte werden jeweils einzeln berechnet. Im Jahre erscheint nicht mehr als 1 Band. Bestellungen werden direkt an den Akademie-Verlag GmbH, Berlin W 8, Leipziger Straße 3–4, oder über eine wissenschaftliche Buchhandlung erbeten.

Manuskriptsendungen — zugelassen sind die vier Kongreßsprachen — sind an den Herausgeber, Herrn Prof. Dr. Ernst Mangold, Berlin N 4, Invalidenstr. 42, zu richten. Mit der Veröffentlichung geht das alleinige Verlagsrecht an das Archiv für Tierernährung über. Daher müssen Arbeiten, die bereits an anderer Stelle veröffentlicht worden sind, zurückgewiesen werden. Die Verfasser verpflichten sich, Manuskripte, die vom Archiv für Tierernährung angenommen worden sind, nicht an anderer Stelle zu veröffentlichen.
Die Verfasser erhalten von größeren wissenschaftlichen Arbeiten 50 **Sonderdrucke** unentgeltlich. Den Manuskripten beiliegende **Zeichnungen** müssen sauber, in zweifacher Größe ausgeführt sein. Wenn sie nicht voll reproduktionsfähig nach den Vorschriften des Normblattes DIN 474 eingereicht werden, ist die Beschriftung nur mit Bleistift einzutragen. Zur Herstellung von Netzätzungen sind nur einwandfreie Photographien brauchbar.

Für alle Literaturzitate sind die Vorschriften des Normblattes DIN 1502 und 1502 Beiblatt I maßgebend. Die Zitate müssen den Verfasser (mit den Anfangsbuchstaben der Vornamen), den vollständigen Titel der Arbeit und die Quelle mit Band, Seitenzahl und Erscheinungsjahr enthalten. Das Literaturverzeichnis soll alphabetisch geordnet sein.

Herausgeber und verantwortlich für den Inhalt: Prof. Dr. med. Dr. phil. Dr. med. vet. h. c. Dr. agr. h. c. Dr. agr. h. c. Ernst Mangold, Berlin N4, Invalidenstraße 42 (Fernruf 42 00 18). Verlag: Akademie-Verlag GmbH, Berlin W 8, Leipziger Str. 3-4 (Fernruf 22 04 41; Telex-Nr. 011 773; Postscheckk. Berlin: 350 21). Bestell-Nr. d. Heftes: 1010/XI/1. Das Archiv für Tierernährung erscheint jährlich in 1 Band zu 6 Heften. Bezugspreis je Einzelheft DM 8,50. ausschließlich Porto und Verpackung. Satz und Druck: Robert Noske, Borna (Bez. Leipzig). Veröffentlicht unter der Lizenznummer ZLN 5003 des Ministeriums für Kultur, Hauptverwaltung Verlagswesen. Printed in Germany.

Archiv für Tierernährung

Inhalt des 11. Bandes

Archiv für Tierernährung

Inhalt des 12. Bandes

Aus dem Institut für Tierernährungslehre
(Direktor: Prof. Dr. A. HOCK)
und dem Institut für Acker- und Pflanzenbau
(Direktor: Prof. Dr. E. RÜBENSAM)
der Humboldt-Universität Berlin

H. BERGNER, W. BREUNIG, H. KORIATH und *L. LENNERTS*

Maissilierung in Feld-Erdmieten

Nährstoffverluste, Qualität und Verdaulichkeit der Silage

Um über den Verlauf des Gärprozesses und die dabei eintretenden quantitativen Veränderungen des silierten Grüngutes einige Aussagen machen zu können, führten wir im Jahre 1958 im VEG Jühnsdorf, Kr. Zossen, und in der LPG Telz, Kr. Zossen, Untersuchungen an großen Feld-Erdmieten durch. Während in Jühnsdorf ungehäckselter Mais eingemietet wurde, bestanden die in Vergleich gesetzten Silostöcke in Telz aus

a) gehäckseltem Mais und

b) aus einem Futtergemisch (gehäckselter Mais + Wiesengras im Verhältnis 3:2).

Zu den Anbaubedingungen des Maises sei erwähnt, daß im VEG Jühnsdorf der Mais nach Futterroggen stand, der als Winterzwischenfrucht sehr zeitig räumte. Neben einer Stallmistgabe wurden 120 kg/ha K_2O, 36 kg/ha P_2O_5 und 60 kg/ha N verabreicht. Die Maisaussaat erfolgte Mitte Mai. Auf allen Schlägen, die die Ackerzahl 18–22 (Sandboden) und einen pH-Wert von 4,8–5,3 aufwiesen, wurde die sowjetische Doppelkreuzung WIR 25 in Reihensaat ausgebracht. Der fast unkrautfrei gehaltene Bestand brachte bis Mitte September auf dem Hauptschlag (3 ha) einen Grünmasseertrag von 335 dz/ha (Trockensubstanzgehalt 19%).

In der LPG Telz standen für den Mais bessere Böden zu Verfügung. Es handelte sich um stark humose Sand- bzw. Anmoorböden mit der Ackerzahl 36–42 und einer Bodenreaktion von PH 6,8–7,2. Vorfrucht des Maises waren hier Hafer und Getreidegemenge. Bei einer Düngung von 100 kg/ha K_2O, 40 kg/ha P_2O_5 und 60 kg/ha N brachte der in der zweiten Maidekade ausgesäte Silomais – ebenfalls WIR 25 – einen Ertrag von durchschnittlich 346 dz/ha (Trockensubstanzgehalt 19%). Durch sorgfältige Bearbeitung konnten auch die Maisbestände der LPG Telz fast unkrautfrei gehalten werden.

Obwohl der Erntebeginn bis Ende September bzw. Anfang Oktober hinausgeschoben wurde, um einen für die Silierung günstigen Trockensubstanzgehalt und darüber hinaus auch guten Massenwuchs zu erreichen, konnten die erzielten Erträge trotz ausreichender Düngung nicht befriedigen. Die Gründe dafür sind in erster Linie in den länger anhaltenden Kühle-Perioden im Vorsommer und in den zu hohen Niederschlägen im Verlauf der Vegetationsperiode zu suchen.

Immerhin ergaben sich in Jühnsdorf mit der Winterzwischenfrucht zusammen Jahresfuttererträge von etwa 500 dz/ha Grünmasse, die für die Sandböden dieses VEG als gut zu bezeichnen sind.

Anlage der Feldmieten und vorgenommene Untersuchungen

In Jühnsdorf wurde der mit dem Mähbinder geerntete Mais garbenweise in eine zu ebener Erde angelegte Feldmiete gepackt, deren Ausmaße in der Grundfläche 8 m Breite und 20 m Länge (160 m²) betrugen. Bei einer Füllhöhe von etwa 1,90 m beinhaltete der Silostock etwa 2800 dz Mais. Die beladenen Hänge wurden über eine 8 m lange Strohmatte, die der Radsäuberung diente, auf die Miete gezogen und dort entladen. Ein schwerer Bulldogg mit Moorrädern walzte den Stapel auf der ganzen Breite laufend fest. Die Silierung dauerte vom 18. 9. bis 30. 9. Nach nochmaligem Festfahren wurde der Silostock mit einer Strohdecke versehen und dann mittels Förderband mit 30 cm Erde abgedeckt. Auf der Erdschicht ist Winterroggen angesät worden, der sich auf Grund der Mietenwärme sehr üppig entwickelte und die gesamte Abdeckung in einen dichten, schützenden Wurzelfilz verwandelte. Dieses Verfahren hat das VEG Jühnsdorf bereits seit Jahren bei der Abdeckung von Silage-Feldmieten angewandt.

Um einige orientierende Angaben über die in Erdmieten entstehenden Sickersaftverluste machen zu können, wurden unter der Jühnsdorfer Miete in 8 m Abstand zwei Auffangbehälter aus Blech (lichte Weite 1 m) so eingegraben, daß ihr oberer Rand mit der Bodenfläche des Silos abschloß (siehe Abb.). Der siebartig durchlöcherte Deckel der Gefäße ermöglichte den freien Abfluß des entstandenen Sickersaftes in den Behälter. Von dort aus konnte der Sickersaft durch eine mit Gefälle verlegte Rohrleitung täglich nach außen abgeführt und gemessen werden.

Zur Untersuchung der Veränderung des Grüngutes und der eintretenden Verluste an Trockensubstanz, Rohprotein und N-freien Extraktstoffen während des Silierungsprozesses, wurden in 3 verschiedenen Schichten (siehe Abb.) insgesamt 9 Perlon-Netzsäcke mit genau abgewogenem Inhalt (etwa 80 kg Grünmasse) in die Miete mit einsiliert. Aus jedem Sack war vorher eine 2-kg-Probe zur Trockensubstanzbestimmung und Vollanalyse entnommen worden.

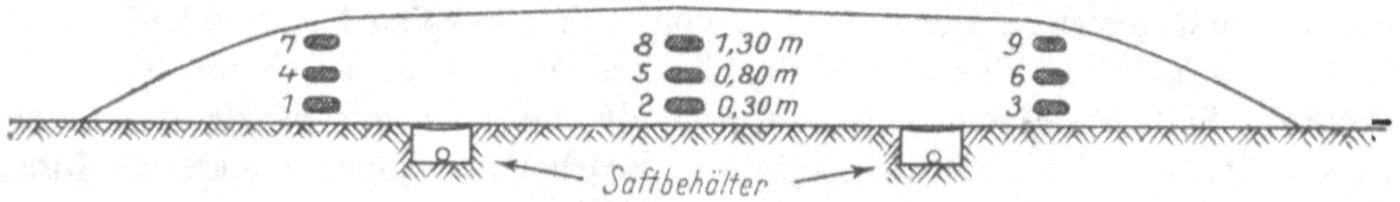

Anordnung der Probestellen in der Mais-Fahrmiete (Längsschnitt)

Die Silierung in der LPG Telz erfolgte in der Zeit vom 10. 10. bis 14. 10. 58, also 2 bis 3 Wochen später als in Jühnsdorf.

Auch hier wurde der Mais in Erddurchfahrsilos konserviert. In Miete I sind bei einer Grundfläche von 120 m² und einer Füllhöhe von 1,80 m rund 1500 dz Grüngut eingebracht worden. Hierbei handelte es sich um eine Mischsilage aus

Mais und Gras im Verhältnis 3 : 2. Der Mais war auf eine Länge von 3 bis etwa 20 cm gehäckselt. Während die Stengel stets kurz aus dem Häcksler kamen, blieben die Blätter meist bis zu 20 cm lang. Die Mischung wurde durch schichtweises Abladen von 3 Fuhren Mais im Wechsel mit 2 Fuhren Gras auf dem Futterstock hergestellt. In Miete II lagerten bei einer Grundfläche von 260 m^2 und 1,80 m Füllhöhe etwa 3400 dz Häckselmais.

Das Festwalzen und Eindecken dieser Mieten in Telz sowie die Einlagerung der Probesäcke aus Perlonnetz erfolgten in der bereits beschriebenen Weise. Allerdings wurden nur in der Häckselmaismiete (Miete II) 9 Perlon-Netzsäcke in der gleichen Verteilung wie in Jühnsdorf eingebracht, während in der Häckselmais-Grasmiete (Miete I) lediglich 3 Probesäcke auf halber Mietenlänge und bei gleicher vertikaler Verteilung eingelagert worden sind. Auffangvorrichtungen für Sickersaft konnten in Telz nicht eingebaut werden.

Mit Mietenthermometern wurde der thermische Verlauf der Gärung verfolgt. Die Temperaturkurven aller untersuchten Feldmieten zeigten ein nahezu gleiches Bild. Die Anfangswerte lagen bei 26–28 °C; nach nochmaligem Festwalzen vor dem Eindecken stiegen die Temperaturen nach 2 bis 3 Tagen auf 32–33 °C an. Diese Temperaturwerte blieben als Höchstwert nur für kurze Zeit erhalten. Sodann fielen die Werte mit der Außentemperatur allmählich ab und erreichten nach 20 Tagen einen Wert von etwa 16 °C. In allen Mieten fand somit eine ausgesprochene Kaltvergärung im Temperaturbereich von 20–35 °C statt, die den Milchsäurebildnern gute Entwicklungsbedingungen bot.

Die Beobachtungen des Sickersaftabflusses in Jühnsdorf ergaben, daß nur zu Beginn der Gärung geringere Mengen Sickersaft austraten. Insgesamt sammelten sich je Gefäß (0,7 m^2 Deckelfläche) 2,2 l Flüssigkeit an. Bei 160 m^2 Grundfläche des Futterstockes ergibt sich mithin aus 2800 dz ungehäckseltem Mais ein Sickersaftabfluß von 450–500 l (etwa 1 l je 5 bis 6 dz Mais). Die im Zusammenhang mit dem Sickersaftabfluß entstehenden Verluste werden wahrscheinlich in weiten Grenzen schwanken. In erster Linie sind sie vom Trockensubstanzgehalt des Grüngutes abhängig, ferner wird auch die Füllhöhe (Preßdruck) das Ausmaß der Sickersaftbildung beeinflussen. Nach dem vorstehenden Ergebnis scheint der Sickersaftabfluß bei Silomais in der Milchwachsreife nicht sehr hoch zu sein.

Die Futterentnahme aus den Feldmieten begann in Jühnsdorf (ungehäckselter Mais) und bei Miete I (Mais/Gras) in Telz Mitte Januar. Miete II (gehäckselter Mais) wurde Ende Februar geöffnet. Dabei zeigte sich der große Vorteil der mit Winterroggen angesäten Erddecke, die fest zusammenhielt und sich gut abheben ließ. Alle drei Mieten zeigten eine gute Beschaffenheit und Qualität des Gärfutters, das die Rinder und Schafe gern aufnahmen. Die ungehäckselten Stengel der Jühnsdorfer Miete machten bei der Entnahme aus dem Silo und bei der Verfütterung keinerlei Schwierigkeiten, da sie sich infolge ihrer Weichheit leicht abstechen ließen. Bei der Aufnahme der drei verschiedenen Silagen durch die Rinder konnten keine Unterschiede festgestellt werden.

Tabelle 1. ***Maissilage***

Lage	Probe Nr.		Masse kg	Trock.-substanz %	Ges.-Trock.-masse in kg	in der Gesamttrockenmasse sind enthalten: Org. Subst.	Rohprotein	Rohfett	Rohfaser	N-freie Extraktstoffe
	1	Mais	87,4	21,5	18,8	17,7	1,5	0,5	4,7	11,0
		Silage	—	17,4	—	—	—	—	—	—
Untere Lage	2	Mais	123,4	21,8	26,9	25,2	2,3	0,5	6,6	15,8
		Silage	123,5	17,4	21,4	19,4	2,2	1,4	6,4	9,4
		Diff. in kg	+ 0,1		— 5,5	— 5,8	— 0,1	+ 0,9	— 0,2	— 6,4
		Diff. in %	+ 0,08		— 20,5	— 23,0	— 4,4	+ 180	— 3,0	— 40,5
	3	Mais	141,4	19,8	28,0	25,9	2,5	0,4	7,4	15,6
		Silage	123,7	14,8	18,3	16,5	2,4	0,9	6,0	7,2
		Diff. in kg	- 17,7		— 9,7	— 9,4	— 0,1	+ 0,5	— 1,4	— 8,4
		Diff. in %	- 12,50		— 34,6	— 36,3	— 4,0	+ 125	— 18,9	— 53,9
Mittlere Lage	4	Mais	58,5	18,7	10,9	10,4	0,8	0,3	2,6	6,7
		Silage	58,8	15,0	8,8	8,0	0,9	0,3	2,7	4,1
		Diff. in kg	+ 0,3		— 2,1	— 2,4	+ 0,1	± 0,0	+ 0,1	— 2,6
		Diff. in %	+ 0,51		— 19,3	— 23,1	+ 12,5		+ 3,9	— 38,8
	5	Mais	55,6	15,5	8,6	8,1	0,8	0,2	2,1	4,9
		Silage	51,3	13,4	6,9	6,2	0,7	0,3	2,3	2,9+
		Diff. in kg	— 4,3		— 1,7	— 1,9	— 0,1	+ 0,1	+ 0,2	— 2,0
		Diff. in %	— 7,70		— 19,8	— 23,5	— 12,5	+ 50,0	+ 9,5	— 40,8
	6	Mais	57,4	20,4	11,7	11,0	0,7	0,2	3,0	7,1
		Silage	57,1	14,2	8,1	7,3	0,9	0,2	2,7	3,5
		Diff. in kg	— 0,3		— 3,6	— 3,7	+ 0,2	± 0,0	— 0,3	— 3,6
		Diff. in %	— 0,52		— 30,8	— 33,6	+ 28,6		— 10,0	- 50,7
Obere Lage	7	Mais	82,4	21,6	17,8	17,0	0,9	0,3	4,1	11,7
		Silage	88,3	20,2	17,8	15,5	1,2	0,4	4,9	9,0—
		Diff. in kg	+ 5,9		± 0,0	— 1,5	+ 0,3	+ 0,1	+ 0,8	— 2,7
		Diff. in %	+ 7,20			— 8,8	+ 33,3	+ 33,3	+ 19,5	— 23,1
	8	Mais	81,4	19,5	15,9	15,0	0,8	0,3	4,0	9,9
		Silage	83,5	21,2	17,7	15,7	1,1	0,4	4,6	9,6
		Diff. in kg	+ 2,1		+ 1,8	+ 0,7	+ 0,3	+ 0,1	+ 0,6	— 0,3
		Diff. in %	+ 2,60		+ 11,3	+ 4,7	+ 37,5	+ 33,3	+ 15,0	— 3,0
	9	Mais	75,4	19,2	14,5	13,6	0,7	0,2	3,6	9,1
		Silage	79,2	18,5	14,7	13,5	1,0	0,5	4,2	7,8+
		Diff. in kg	+ 3,8		+ 0,2	— 0,1	+ 0,3	+ 0,3	+ 0,6	+ 1,3
		Diff. in %	+ 5,03		+ 13,8	— 0,7	+ 42,9	+ 150,0	+ 16,7	— 14,3
		Ø Verlust u. Zunahme in %	— 0,66		— 14,0	— 18,0	+ 16,7	+ 71,5	+ 4,1	— 33,1

Versuch Jühnsdorf

in kg		g Säure in 100 g Silage			% d. Gesamtsäureäquiv.			P_H-Wert	Ges. Punkt-zahl	Bewertung
Roh-asche	Ges. Glucose	Milch-säure	Essig-säure	Butter-säure	Milch-säure	Essig-säure	Butter-säure			
1,1 —	3,7 —	1,163	0,816	0,340	42,5	44,8	12,7	4,0	45	befriedigend
1,7 2,0 + 0,3 + 17,7	5,1 1,2 — 3,9 — 76,5	1,260	0,847	0,433	42,4	42,7	14,9	4,1	45	befriedigend
2,1 1,8 — 0,3 — 14,3	5,5 0,8 — 4,7 — 85.5	1,193	0,564	0,598	45,0	31,9	23,1	4,0	40+	mäßig +
0,5 0,8 + 0,3 + 60,0	2,3 0,4 — 1,9 — 82,6	1,019	0,943	0,255	37,8	52,5	9,7	3,9	45—	befriedigend
0,5 0,7— + 0,2 + 40,0	1,5 0,2 — 1,3 — 86,7	0,603	0,606	0,869	25,1	37,9	37,0	4,3	25	mäßig
0,7 0,8 + 0,1 + 14,3	1,0 0.3 — 0,7 — 70,0	0,819	0,621	0,750	32,5	37,0	30,5	4,2	30+	mäßig
0,8 2,3 + 1,5 + 187,5	4,3 2,0 — 2,3 — 53,3	0,723	0,138	0,048	73,8	21,1	5,1	4,4	75+	gut
0,9 2,0— + 1,1 + 122,2	3,9 2,4 — 1,5 — 38,5	1,625	0,221	0,028	81,9	16,7	1,4+	4,3	90	sehr gut
0,9 1,2 + 0,3 + 33,3	3,4 1,7 — 1,7 — 50,0	2,015	0,215	0,026	85,2	13,6	1,2—	4,0	90+	sehr gut
+ 57,6	— 67,9	1,158	i.Mittel 0,552	0,372	51,8	33,1	15,1	4,13	53.9	befriedigend

Tabelle 2. *Maissilage*

Lage	Probe Nr.		Masse kg	Trock.-substanz %	Ges.-Trock.-masse in kg	in der Gesamttrockenmasse sind enthalten Org. Subst.	Roh-protein	Roh-fett	Roh-faser	N-freie Extr.-stoffe
Untere Lage	522	Mais	14,35	16,00	2,30	2,11	0,15	0,05	0,70	1,21
		Silage	8,30	18,69	1,55	1,40	0,13	0,10	0,52	0,65
		Diff. in kg	— 6,05		— 0,75	— 0,71	— 0,02	+ 0,05	— 0,18	— 0,56
		Diff. in %	—42,2		—32,6	—33,7	—13,3	+100,0	—25,7	—46,3
	48	Mais	9,38	18,45	1,73	1,69	0,14	0,05	0,56	0,94
		Silage	8,04	19,43	1,56	1,40	0,15	0,07	0,48	0,70
		Diff. in kg	— 1,34		—0,17	— 0,29	+ 0,01	+ 0,02	— 0,08	— 0,24
		Diff. in %	—14,3		—9,8	—17,2	+ 7,1	+40,0	—14,3	—25,5
	35	Mais	9,33	17,10	1,60	1,44	0,13	0,05	0,59	0,67
		Silage	7,87	16,64	1,31	1,18	0,11	0,04	0,48	0,55
		Diff. in kg	— 1,46		— 0,29	— 0,26	— 0,02	— 0,01	— 0,11	— 0,12
		Diff. in %	—15,6		—18,2	—18,1	—15,4	—20,0	—18,7	—17,9
Mittlere Lage	46	Mais	14,33	18,90	2,71	2,49	0,21	0,05	0,92	1,31
		Silage	8,91	18,78	1,67	1,51	0,10	0,06	0,58	0,77
		Diff. in kg	— 5,42		— 1,04	— 0,98	— 0,11	+ 0,01	— 0,34	— 0,54
		Diff. in %	—37,8		—38,4	—39,4	—52,4	+20,0	—36,9	—41,2
	29	Mais	9,30	18,05	1,68	1,54	0,12	0,03	0,56	0,83
		Silage	8,89	19,28	1,71	1,54	0,11	0,05	0,59	0,79
		Diff. in kg	—0,41		+ 0,03	± 0,0	— 0,01	+ 0,02	+ 0,03	— 0,04
		Diff. in %	—4,4		+ 1,8	—	— 8,4	+ 66,7	+ 5,4	— 4,8
	43	Mais	9,29	13,90	1,29	1,19	0,09	0,03	0,39	0,68
		Silage	8,00	16,37	1,31	1,18	0,12	0,04	0,47	0,55
		Diff. in kg	— 1,29		+ 0,02	— 0,01	+ 0,03	+ 0,01	+ 0,08	— 0,13
		Diff. in %	—13,9		+ 1,6	— 0,8	+33,3	+33,3	+20,5	- I9,2
Obere Lage	50	Mais	14,40	19,35	2,79	2,54	0,17	0,06	0,93	1,38
		Silage	8,60	18,79	1,62	1,43	0,11	0,05	0,55	0,72
		Diff. in kg	— 5,80		— 1,17	— 1,11	— 0,06	— 0,01	— 0,38	— 0,66
		Diff. in %	—40,2		—41,8	—43,7	—35,3	—16,7	—40,8	—47,8
	24	Mais	9,40	19,99	1,88	1,69	0,13	0,05	0,62	0,89
		Silage	8,87	17,57	1,56	1,42	0,13	0,06	0,52	0,71
		Diff. in kg	—0,53		— 0,32	— 0,27	± 0,0	+ 0,01	— 0,10	— 0,18
		Diff. in %	- 5,6		—17,1	—16,0	—	+20,0	—16,1	—20,2
	25	Mais	9,40	19,25	1,81	1,65	0,11	0,04	0,56	0,94
		Silage	7,97	17,60	1,40	1,26	0,10	0,04	0,50	0,62
		Diff. in kg	— 1,43		— 0,41	— 0,39	— 0,01	± 0,0	— 0,06	— 0,32
		Diff. in %	—15,2		—22,7	—23,6	— 9,1	—	—10,7	—34,0
		Ø Verlust u. Zunahme i. %	—21,0		—19,7	—21,4	—10,4	+27,0	—15,3	—28,5

Versuch Telz

in kg		g Säure in 100 g Silage			% d. Gesamtsäureäquiv.			p_H-Wert	Ges. Punktzahl	Bewertung
Roh-asche	Ges. Glucose	Milch-säure	Essig-säure	Butter-säure	Milch-säure	Essig-säure	Butter-säure			
0,19 0,15 — 0,04 — 21,1	0,28 0,06 — 0,22 — 78,6	1,546	0,754	0,025	57,2	41,9	0,9	3,9	75	gut
0,16 0,16 ± 0,0 —	0,28 0,06 — 0,22 — 78,6	1,709	0,728	0,023	60,5	38,7	0,8	3,9	83—	sehr gut
0,16 0,13 — 0,03 — 18,8	0,18 0,05 — 0,13 — 72,3	0,602	1,567	0,025	20,2	78,9	0,9	4,1	50	befriedigend
0,22 0,16 — 0,06 — 27,3	0,22 0,07 — 0,15 — 68,2	1,558	0,621	0,007	62,4	37,3	0,3	3,9	83	sehr gut
0,14 0,17 + 0,03 + 21,4	0,16 0,10 — 0,06 — 37,5	0,679	0,751	0,054	36,5	60,5	3,0	4,3	45+	befriedigend
0,10 0,13 + 0,03 + 30,0	0,16 0,05 — 0,11 — 68,8	0,586	1,432	0,037	21,1	77,5	1,4	4,1	45—	befriedigend
0,25 0,19 — 0,06 — 24,0	0,29 0,08 — 0,21 — 72,4	0,810	1,122	0,040	32,0	66,4	1,6	4,1	50	befriedigend
0,19 0,14 — 0,05 — 26,3	0,15 0,05 — 0,10 — 66,7	1,581	0,758	0,010	58,0	41,7	0,3+	3,9	75	gut
0,16 0,14 — 0,02 — 12,5	0,21 0,07 — 0,14 — 66,6	0,399	2,087	0,180	10,7	84,3	5,0	4,1	35—	mäßig
— 8,7	— 67,7	1,052	1,091	0,045	39,8	58,6	1,6	4,0	60	befriedigend

Analytische Untersuchungen

Frische Analysenproben aus den Perlon-Netzsäcken vor und nach der Silierung wurden entweder sofort verarbeitet oder in der Tiefkühltruhe bei minus 15 °C bis zur Verarbeitung aufbewahrt. Die Futtermittelanalysen wurden nach der Weender Methode durchgeführt. Die Säurebestimmungen erfolgten nach LEPPER [3].

In Tab. 1 sind die Untersuchungsergebnisse des Maissilageversuches Jühnsdorf zusammengestellt. Hierbei ist zu bemerken, daß die Probe 1 nicht auswertbar war, da infolge mechanischer Beschädigung des Perlon-Netzsackes Material in unkontrollierbarer Menge verloren gegangen war.

Auffallend ist, daß in fast allen Proben eine mengenmäßige Zunahme der Rohasche festgestellt wurde. In den Proben der oberen Schicht war dadurch sogar eine Zunahme der Gesamt-Trockenmasse zu verzeichnen. Die Ursache hierfür ist in erster Linie durch eine Verschmutzung infolge der Erdabdeckung zu suchen. In den unteren Schichten dürfte eine ungenügende Radsäuberung auf den Strohmatten beim Festfahren des Silagematerials mit Schlepper und beladenem Anhänger, wie eingangs beschrieben, zur Verschmutzung geführt haben.

Veränderungen des Rohprotein-, Rohfett- und Rohfasergehaltes dürften infolge des niedrigen prozentualen Anteils der Komponenten innerhalb der analytischen und methodischen Fehlergrenze liegen. Letzteres trifft besonders in methodischer Hinsicht für die erschwerte Probeentnahme des ungehäckselten Materials in Jühnsdorf zu.

Tab. 2 zeigt die entsprechenden analytischen Ergebnisse der Maissilagebereitung in der LPG Telz.

Hinsichtlich der Mais-Wiesengras-Silage in der LPG Telz ist festzustellen, daß die Qualität, wie aus Tab. 3 zu entnehmen ist, sehr gut war. Aus technischen Gründen konnte keine quantitative Nährstoffbilanz gewonnen werden.

In Tab. 4 sind die Analysenwerte des gewonnenen Sickersaftes zusammengestellt.

Verdaulichkeitsuntersuchungen an Schafen

An 2 bzw. 3 Schafen (Hammeln) wurde im Differenzverfahren in 2 Versuchen die Maissilage aus Jühnsdorf auf ihre Verdaulichkeit geprüft. In den den Differenzfutterversuchen vorausgehenden Grundversuchen wurden pro Tier und Tag etwa 1000 g Wiesenheu gefüttert und die Verdaulichkeit des Heues ermittelt. Im ersten Grundversuch und auch im ersten Differenzversuch dauerten sowohl der Vorversuch als auch der Hauptversuch jeweils 10 Tage. Im ersten Grund- und Differenzversuch hatte das verwendete Heu bei einem Trockensubstanzgehalt von 86,0% folgende Rohnährstoffe aufzuweisen:

Organische Substanz	92,7%
Rohprotein	7,9%
Rohfett	1,4%
Rohfaser	40,7%
N-freie Extraktstoffe	42,7%
Rohasche	7,3%

Tabelle 3. *Mais-Wiesengras Telz*
(g in 100 g Frischsubstanz)

Nr.	Trocken-Substanz	Organische Substanz	Roh-protein	Rohfett	Roh-faser	N-freie Extr. Stoffe	Roh-asche	Ges.-glucose
39	14,25	12,85	1,13	0,34	4,31	7,07	1,40	1,25
30	15,10	12,63	1,39	0,35	4,29	6,60	2,47	1,33
10	14,75	13,26	1,23	0,39	4,40	7,24	1,49	—
im Mittel	14,70	12,91+	1,25	0,36	4,33+	6,97	1,79—	

Mais-Wiesengras-Silage Telz

Nr.	g Säure in 100 g Silage			% d. Gesamtsäureäquival.			p_H-Wert	Ges.-punkt-zahl	Bewertung
	Milch-säure	Essig-säure	Butter-säure	Milch-säure	Essig-säure	Butter-säure			
39	1,936	0,496	0,032	71,4	27,4	1,2	3,9	85	sehr gut
30	1,945	0,579	0,027	68,5	30,5	1,0	3,7	83+	sehr gut
10	1.878	0,514	0,041	69,8	28,6	1,6	3,85	83	sehr gut
im Mittel	1,920	0,530	0,033	69,9	28,8	1,3	3,8	83,7	sehr gut

Tabelle 4. *Analysen von Sickersaft aus Jühnsdorf 1959*

Datum	15. 10. 1959		15. 10. 1959		22. 10. 1959		22. 10. 1959	
Behälter	links		rechts		links		rechts	
Gesamtmenge in g	296,55		177,75		68,00		685,10	
In der Gesamtmenge sind enthalten	in g	in %	in g	in %	in g	in %	in g	in %
Trockensubstanz	14,1	4,7	7,2	4,1	2,8	4,1	29,5	4,3
Rohasche	3,0		2,2		0,7		10,4	
Organische Substanz	11,1	3,7	5,0	2,8	2,1	3,1	19,1	2,8
Rohprotein	3,1	1,0	1,9	1,1	0,7	1,0	6,9	1,0

Im ersten Differenzversuch vom 27. 2. bis 19. 3. 59 wurden an 2 Schafe pro Tier und Tag 500 g Heu und 2000 g Maissilage gefüttert. Der ungehäckselte Mais aus Jühnsdorf wurde vor der Einwaage für die Versuchsration und Probenentnahme gehäckselt und gut durchmischt. Die vom 27. 2. bis 9. 3. gefütterte Silage hatte einen Trockensubstanzgehalt von 19,0%. Ferner hatte sie einen konstanten Säuregehalt aufzuweisen von 70,0% Milchsäure, 27,7% Essigsäure und 2,3% Buttersäure in der Gesamtsäure. Vom 10. 3. bis Versuchsende wurde eine Silage mit einem Trockensubstanzgehalt von 19,4% gefüttert. In der Gesamtsäure waren hier 80,3% Milchsäure, 18,8% Essigsäure und 0,9% Buttersäure enthalten. In den Tab. 5 und 6 sind die Ergebnisse des ersten Grund- und Differenzfutterversuches zusammengestellt.

Tabelle 5. *1. Grundfutterversuch mit 1000 g Heu pro Tier und Tag*

	Trock.-Subst.	Organ. Subst.	Roh-protein	Rohfett	Roh-faser	N-freie Extr.St.	Roh-asche
Schaf I							
vorgelegt . . . . . . kg	8,600	7,969	0,676	0,124	3,500	3,669	0,631
nicht aufgenommen . . kg	0,805	0,743	0,069	0,013	0,341	0,320	0.062
aufgenommen . . . . . kg	7,795	7,226	0,607	0,111	3,159	3.349	0,569
Kot ausgeschieden . . . kg	4,567	4,128	0,369	0,055	1,656	2,048	0,439
verdaut . . . . in g	3,228	3,098	0,238	0,056	1,503	1,301	0,130
verdaut . . . . . . in %	41,4	42,9	39,2	50.4	47,5	38,8	22,8
Schaf III							
vorgelegt . . . . . . kg	8,600	7,969	0,676	0.124	3,500	3,669	0,631
nicht aufgenommen . . kg	—	—	—	—	—	—	—
aufgenommen . . . . kg	8,600	7,969	0,676	0,124	3,500	3,669	0,631
Kot ausgeschieden . . . kg	4,624	4,174	0,399	0,055	1,752	1,968	0,450
verdaut . . . . in g	3,976	3,795	0,277	0,069	1,748	1,701	0,181
verdaut . . . . . . in %	46,2	47,6	41,0	55,6	49,9	46.4	28,7

Im zweiten Grundversuch und im zweiten Differenzversuch dauerte jedesmal die Vorversuchsperiode 9 Tage und die Hauptversuchsperiode 10 Tage. Das in diesen Versuchen verwendete Heu enthielt bei einem Trockensubstanzgehalt von 88,7% folgende Rohnährstoffe:

In 100% Trockensubstanz:

Organische Substanz	91,2%
Rohprotein	11,5%
Rohfett	1,9%
Rohfaser	35,1%
N-freie Extraktstoffe	42,7%
Rohasche	8,8%

Tabelle 6. *Verdaulichkeitsuntersuchung mit Maissilage an Schafen*

1. Differenzversuch

	Trock. Subst.	Organ. Subst.	Roh-protein	Rohfett	Roh-faser	N-freie Extr.St.	Roh-asche
Schaf I							
vorgelegt a) Heu . . . kg	4,512	4,181	0,355	0,065	1,836	1,925	0,331
vorgelegt b) Silage . . kg	3,882	3,451	0,226	0,112	1,085	2,029	0,431
insgesamt . . . . . . kg	8,394	7,632	0,581	0,177	2,921	3,954	0,762
nicht aufgenommen (Sil.) kg	0,041	0,032	0,003	0,001	0,013	0,015	0,009
aufgenommen . . . . . kg	8,353	7,600	0,578	0,176	2,908	3,939	0,753
Kot ausgeschieden . . . kg	3,830	3,251	0,343	0,048	1,242	1,618	0,579
verdaut . . . . kg	4,523	4,349	0,235	0,128	1,666	2,321	0,174
verdaut von Heu . . . kg	1,851	1,780	0,138	0,032	0,868	0,745	0,074
verdaut von Silage . . kg	2,672	2,569	0,097	0,096	0,798	1,576	0,100
verdaut von Silage . in %	68,83	74,44	42,92	85,71	73,55	77,67	23,20
Schaf III							
vorgelegt a) Heu . . . kg	4,512	4,181	0,355	0,065	1,836	1,925	0,331
vorgelegt b) Silage . . kg	3,882	3,451	0,226	0,112	1,085	2,029	0,431
insgesamt . . . . . . kg	8,394	7,632	0,581	0,177	2,921	3,954	0,762
nicht aufgenommen . . kg	—	—	—	—	—	—	—
aufgenommen . . . . . kg	8,394	7,632	0,581	0,177	2,921	3,954	0,762
Kot ausgeschieden . . . kg	3,824	3,248	0,371	0,058	1,191	1,628	0,576
verdaut . . . . kg	4,570	4,384	0,210	0,119	1,730	2,326	0,186
verdaut von Heu . . . kg	2,085	1,990	0,146	0,036	0,916	0,893	0,095
verdaut von Silage . . kg	2,48$_5$	2,394	0,064	0,083	0,814	1,433	0,091
verdaut von Silage . in %	64,01	69,37	28,32	74,11	75,02	70,63	21,11

Die Durchführung des zweiten Differenzversuches erfolgte vom 24. 3. bis 11. 4. 59. Die gefütterte Maissilage vom 24. 3. bis 7. 4. hatte 17,7% Trockensubstanz und die Proben vom 8. 4. bis 11. 4. 19,5% Trockensubstanz. Die Ergebnisse des zweiten Grund- und Differenzfutterversuches sind aus den Tab. 7 und 8 zu entnehmen.

Diskussion der Ergebnisse

Die nach unserer Methode ermittelten durchschnittlichen Verluste an organischer Substanz mit 18% in Jühnsdorf und 21% in Telz stimmen gut überein. Die hierin enthaltenen Sickersaftverluste berechnen sich nach Tab. 4 mit etwa

6 g organischer Substanz je dz Grünmasse, d. h. also, weniger als $^{1}/_{1000}$ der Atmungs- und Gärungsverluste erscheinen im Sickersaft, wenn das Ausgangsmaterial 19% Trockensubstanz aufweist. Sehr anschaulich geht aus allen Untersuchungen hervor, daß der Gärverlust hauptsächlich die leichtvergärbare Glucose betrifft. In den Proben aus Jühnsdorf betrug der Glucose-Verlust 50% %und in den entsprechenden Proben aus Telz 68%. Wie aus Tab. 1 und 2 hervorgeht, war die Qualität der gehäckselten Maissilage in Telz besser, als die Qualität der ungehäckselten Maissilage in Jühnsdorf. Dieses Ergebnis dürfte auch mit dem größeren Glucose-Verbrauch bei einer besseren Gärung übereinstimmen.

Tabelle 7. *2. Grundfutterversuch mit 1000 g Heu pro Tier und Tag*

	Trock.-Subst.	Organ. Subst.	Roh-protein	Rohfett	Roh-faser	N-freie Extr.St.	Roh-asche
Schaf I							
vorgelegt . . . . . . kg	8,873	8,094	1,018	0,169	3,120	3,787	0,779
nicht aufgenommen . . kg	0,191	0,182	0,011	0,003	0,038	0,130	0,009
aufgenommen . . . . . kg	8,682	7,912	1,007	0,166	3,082	3,657	0,770
Kot ausgeschieden . . . kg	4,218	3,710	0,516	0,057	1,310	1,827	0,508
verdaut . . . . . . in g	4,464	4,202	0,491	0.109	1,772	1,830	0,262
verdaut . . . . in %	51,4	53,1	48,8	65,7	57,5	50,0	34,0
Schaf III							
vorgelegt . . . . . . kg	8,873	8,094	1,018	0,169	3,120	3,787	0,779
nicht aufgenommen . . kg	0,112	0,046	0,012	0,001	0,016	0,017	0,066
aufgenommen . . . . . kg	8,761	8,048	1,006	0,168	3,104	3,770	0,713
Kot ausgeschieden . . kg	4,271	3,750	0,545	0,074	1,305	1,826	0,521
verdaut . . . . . . in g	4,490	4,298	0.461	0,094	1,799	1,944	0,192
verdaut . . . . . . in %	51,2	53,4	45,8	55,9	58,0	51,6	26,9
Schaf IV							
vorgelegt . . . . . . kg	8,873	8,094	1,018	0,169	3,120	3,787	0,779
nicht aufgenommen . . kg	0,226	0,106	0,023	0,003	0,032	0,048	0,120
aufgenommen . . . . . kg	8,647	7,988	0,995	0,166	3,088	3,739	0,659
Kot ausgeschieden . . . kg	4,179	3,716	0,589	0,066	1,311	1,750	0,463
verdaut . . . . in g	4,468	4,272	0,406	0,100	1,777	1,989	0,196
verdaut . . . . . . in %	51,7	53,5	40,8	60,2	57,6	53,2	29,7

Tabelle 8. *2. Differenzversuch*

	Trock.-Subst.	Organ. Subst.	Roh-protein	Rohfett	Roh-faser	N-freie Extr.St.	Roh-asche
Schaf I							
vorgelegt a) Heu . . . kg	4,207	3,809	0,496	0,096	1,451	1,766	0,398
vorgelegt b) Silage . . kg	3,689	3,343	0,288	0,110	1,267	1,678	0,346
insgesamt . . . . . . kg	7,896	7,152	0,784	0,206	2,718	3,444	0,744
nicht aufgenommen . . kg	—	—	—	—	—	—	—
aufgenommen . . . . . kg	7,896	7,152	0,784	0,206	2,718	3,444	0,744
Kot ausgeschieden . . . kg	3,194	2,705	0,373	0,062	0,912	1,358	0,489
verdaut . . . . kg	4,702	4,447	0,411	0,144	1,806	2,086	0,255
verdaut von Heu . . . kg	2,162	2,023	0,242	0,063	0,834	0,883	0,135
verdaut von Silage . . kg	2,540	2,424	0,169	0,081	0,972	1,203	0,120
verdaut von Silage . in %	68,85	72,51	58,68	73,64	76,72	71,69	34,68
Schaf III							
vorgelegt a) Heu . . . kg	4,207	3,809	0,496	0,096	1,451	1,766	0,398
vorgelegt b) Silage . . kg	3,689	3,343	0,288	0,110	1,267	1.678	0,346
insgesamt . . . . . . kg	7,896	7,152	0,784	0,206	2,718	3,444	0,744
nicht aufgenommen . . kg	—	—	—	—	—	—	—
aufgenommen . . . . . kg	7,896	7,152	0,784	0,206	2,718	3,444	0,744
Kot ausgeschieden . . . kg	3,332	2,859	0,409	0,069	0,912	1,469	0,473
verdaut . . . . kg	4,564	4,293	0,375	0,137	1,806	1,975	0,271
verdaut von Heu . . . kg	2,158	2,034	0,227	0,054	0,842	0,911	0,107
verdaut von Silage . . kg	2,406	2,259	0,148	0,083	0,964	1,064	0,164
verdaut von Silage . in %	65,22	67,57	51,39	75,45	76,09	63,41	47,40
Schaf IV							
vorgelegt a) Heu . . . kg	4,207	3,809	0,496	0,096	1,451	1,766	0,398
vorgelegt b) Silage . . kg	3,689	3,343	0,288	0,110	1,267	1,678	0,346
insgesamt . . . . . . kg	7,896	7,152	0,784	0,206	2,718	3,444	0,744
nicht aufgenommen (Sil.) kg	0,055	0,049	0,004	0,001	0,022	0,022	0,006
aufgenommen . . . . . kg	7,841	7,103	0,780	0,205	2,696	3,422	0,738
Kot ausgeschieden . . . kg	3,414	2,948	0,396	0,067	1,021	1,464	0,466
verdaut . . . . kg	4,427	4,155	0,384	0,138	1,675	1,958	0,272
verdaut von Heu . . . kg	2,175	2,038	0,202	0,058	0,836	0,940	0,118
verdaut von Silage . . kg	2,252	2,117	0,182	0.080	0,839	1,018	0,154
verdaut von Silage . in %	61,97	64,27	64,08	73,39	67,39	61,47	45,29
Ø Verdauungskoeffizienten d. 1. u. 2. Differenzversuchs	65,78	69,63	49,08	76,46	73,75	69,18	34,34

Die ermittelten Verdauungskoeffizienten ergaben für die verwendete Maissilage folgende mittlere Verdaulichkeit:

Organische Substanz	69,6%
Rohprotein	49,1%
Rohfett	76,5%
Rohfaser	73,7%
N-freie Extraktstoffe	69,2%

Diese Werte stimmen gut mit den Ergebnissen von NEHRING und LAUBE [4], sowie COLUMBUS, HARNISCH und JAHN [1] und COLUMBUS, JAHN, ZAUSCH und HARNISCH [2], die stets gehäckselte Maissilage als alleiniges Futter an Schafe verabreichen, überein. Eine günstigere Verdaulichkeit der Maissilage durch eine Heufütterung hat sich dementsprechend im Vergleich zu den Versuchen der genannten Autoren nicht ergeben.

Zusammenfassung

In 3 Feld-Erdmieten wurde Silomais in der Milchwachsreife mit einem Trokkensubstanzgehalt von 19% einmal gehäckselt und einmal nichtgehäckselt und ferner im Gemisch mit Wiesengras einsiliert. In Perlonnetzsäcken wurden Maisproben zur quantitativen Erfassung der Nährstoffverluste an verschiedenen Stellen der Erdsilos mit eingelegt. Die Qualität der Silage war gut. Die ermittelten durchschnittlichen Nährstoffverluste (organische Substanz) betrugen übereinstimmend 18 bzw. 21%. In einer Verdaulichkeitsuntersuchung nach dem Differenzfutterverfahren an Schafen ergab sich für die organische Substanz eine gute Verdaulichkeit von 70%.

Der technischen Assistentin, Fräulein Charlotte MALTUSCH, sprechen wir für ihre hervorragende Mitarbeit unseren herzlichen Dank aus.

Literaturverzeichnis

[1] COLUMBUS, A., HARNISCH, W. und JAHN, S., Archiv für Tierernährung 7, 193, 1957.

[2] COLUMBUS, A., JAHN, S., ZAUSCH, M. und HARNISCH, W.: Jahrbuch der Arbeitsgemeinschaft für Fütterungsberatung, 2, 374, 1958/59.

[3] Methodenbuch. Verband Deutscher landwirtschaftlicher Untersuchungs- und Forschungsanstalten, IV, 12, 1953.

[4] NEHRING, K. und LAUBE, W., Deutsche Landwirtschaft, 9, 483, 1958.

Eingegangen am 1. 9. 1960

Aus dem Institut für Tierphysiologie und Tierernährung der Universität Göttingen
(Direktor: Prof. Dr. Dr. W. LENKEIT)

H. BRUNE und *K. WIEMANN*

Zur Erfassung einer diurnalen, endogen bedingten Periodizität im Energiewechsel beim kleinen Wiederkäuer

Im Stoff- und Energiewechsel von Mensch und Tier treten periodische Schwankungen auf, deren Intervalle jahreszeitlich, diurnal oder außerhalb der durch Kalenderrechnung festgelegten Zeitabschnitte des Sonnenjahres abgrenzbar sind.

Die Rhythmik von Energie- bzw. Stoffwechselschwankungen kann durch endogene Faktoren (genetische Faktoren) oder durch exogene Faktoren (Klima, Fütterung) gesteuert sein [1].

Diurnale Schwankungen im Energiewechsel beobachtete 1870 zuerst HENNEBERG [12] in der Göttinger Respirationskammer bei $4^1/_2$ Jahre alten Hammeln. Bei einer durchschnittlichen Haltungstemperatur von 14° C fand HENNEBERG für die Tagesperiode eine CO_2-Produktion von 470,4 g und für die Nachtperiode eine CO_2-Ausscheidung von 369,6 g.

Es waren vornehmlich technische Schwierigkeiten, die die älteren Untersucher des Energiewechsels zwangen, Messungen des Energieumsatzes aus dem Gaswechsel kurzfristig zu getalten. HAGEMANN [10] bestimmte den Gaswechsel der Versuchstiere erstmalig durch Trachealanschluß, wobei die Untersuchungszeit bis zu 12 Stunden nach der Fütterung ausgedehnt werden konnte. TOMME [25] erfaßte Untersuchungsperioden von 10 Stunden Dauer beim Fettsteißschafbock. Bei PÄCHTNER [23] und DAHM [7] betrug bei einem $^1/_2$ Jahre alten Bullen die Versuchszeit mit Trachealanschluß im Durchschnitt 18 Minuten. Die in den zitierten klassischen Untersuchungen aufgewandte Versuchszeit reicht nicht aus, eine endogen bedingte Periodizität im Energiewechsel aufzudecken.

Im Einschlußverfahren, unter Benutzung einer Respirationskammer, wurde hauptsächlich der Einfluß exogener Faktoren auf den Energieumsatz und die dadurch gesteuerte Rhythmik untersucht. Über die den Grundumsatz beeinflussenden Faktoren lieferte STEUBER [24] einen zusammenfassenden Beitrag. Die Faktoren exogener Natur, vor allem Steh- und Liegezeiten der Tiere, finden in zahlreichen klassischen Energiewechselmessungen als Ansatz für Korrekturberechnungen des Umsatzes weitgehend Anwendung.

Untersuchungen über eine Rhythmik im Energieumsatz wurden umfangreicher mit Vögeln angestellt. BACQ [2] stellt in Versuchen mit Hähnen unter Ausschaltung jeder willkürlichen Bewegungsmöglichkeit fest, daß parallel der Körpertemperaturkurve verlaufend bei Nacht eine langsame Abnahme der Umsatzhöhe zu verzeichnen war. Minimal- und Maximalwert des Energieumsatzes unterschieden sich um 30%. Die Versuchstiere wurden auch bei Tage im Dunkeln gehalten, so daß der Einfluß des Lichtes ausgeschaltet blieb. HERZOG [14] fand, daß die Körpertemperatur bei Vögeln im Tagesverlauf nur in sehr engen Grenzen schwankt. Er führt auch auf Grund eigener Versuche den von BACQ festgestellten Tag-Nacht-Rhythmus auf Wach- und Schlafzustand zurück. GROEBBELS [9] zeigte beim Kanarienvogel einen deutlichen Abfall des Sauerstoffverbrauches schon wenige Minuten nach Eintritt des Schlafzustandes.

In neuerer Zeit ermittelte HOHLS [15] den tageszeitlichen Gang der „Atmungsenergie" bei Küken. Unter „Atmungsenergie" versteht HOHLS den gesamten Energieumsatz, berechnet aus dem RQ. Dabei wird nach HOHLS die thermische Energie so bestimmt, daß man in einem fütterungsfreien Zeitabschnitt des Versuches „Ruhe-Nüchtern-Umsatz" unterstellt, den dort gemessenen O_2-Verbrauch und die CO_2-Bildung in Abzug von der „Atmungsenergie", gemessen als O_2-Verbrauch und CO_2-Bildung bei einer Versuchsperiode mit Fütterung bringt und die verbliebenen O_2 und CO_2-Werte zu einem RQ_{therm} vereinigt. Diese sogenannte „thermische Energie nach HOHLS" soll für jedes Futtermittel einen konstanten Wert haben. Sie ist bei ausgewachsenen Tieren nach HOHLS unabhängig von der Menge des verdauten Futters, woraus entnommen werden muß, daß sie die Verdauungsarbeit im klassischen Sinne nicht berücksichtigt. Die Kurve der „Atmungsenergie nach HOHLS" zeigt Periodizität. Ganztägige Messungen wurden an drei wachsenden Küken ausgeführt, die während der ganzen Versuchszeit Futter aufnehmen konnten. HOHLS fand weiter [16] in den Abend- und Nachtstunden erheblich niedrigere CO_2-Bildungswerte als am Tage. Er erweiterte seine Ergebnisse durch neuere Feststellungen über eine Periodizität der „thermischen Energie nach HOHLS", indem er zeigen konnte, daß die „thermische Energie", die bisher von ihm als konstant postuliert wurde, bei Fütterung um 9,00 und um 16,00 Uhr ihre höchsten Werte in der Zeit von 11,00 bis 19,00 Uhr erreicht.

HÖRNICKE [17, 18] fand durch fortlaufende Registrierung der CO_2- und O_2-Werte der Respirationsluft beim Schwein mit Hilfe des Hartmann & Braun-Gaswechselschreibers Tagesprofile des Gaswechsels, des RQ und der berechneten Kalorienproduktion, die einen charakteristischen, weitgehend reproduzierbaren Verlauf aufwiesen. Als Erklärung für die im Tagesablauf gefundenen Schwankungen der Meßwerte wurden die spezifisch-dynamische Wirkung des Futters und zeitliche Unterschiede in der körperlichen Aktivität der Versuchstiere angenommen.

COLUMBUS, STRUSS und ZAUSCH [6] entwickelten ein Doppelkammersystem für langdauernde Respirationsversuche an Ratten. In 13 bis 17 Tage dauernden Respirationsversuchen mit Fütterung der Ratten um 8.00 und 16.00 Uhr, zeigten die CO_2-Ausscheidungskurven sowohl spontane Schwankungen als auch größere Intervalle, die auf Bewegungsaktivität zurückgeführt wurden.

EDER [8] berichtete zur Tagesrhythmik bei Ratten, daß ein Minimum der CO_2-Ausscheidung und des O_2-Verbrauches sowie des als RQ berechneten Umsatzes in den Mittagsstunden (12 Uhr), ein Maximum dagegen in den Nachtstunden (24 Uhr) beobachtet wurde. Auch Hungertiere zeigten diese tagesrhythmischen Schwankungen.

Faßt man die vorzitierten Arbeiten hinsichtlich der ermittelten diurnalen Schwankungen zusammen, so erhält man folgende Übersicht:

Diurnale Schwankungen

Autor	Tierart	Maßstab	Bezug Tag = 100 % Nacht = x
HENNEBERG	Schaf	CO_2-Produktion	78,6 %
BACQ	Hahn	Grundumsatz	70,0 %
HERZOG	Vogelarten	Grundumsatz	74,7 — 95,4 %
HOHLS	Küken	RQ-Atmungsenergie	< %
HÖRNICKE	Schwein	RQ ,	< %
COLUMBUS	Ratte	CO_2-Produktion	> %
EDER	Ratte	CO_2 , O_2 , RQ	> %

Unterzieht man die vorliegenden Untersuchungen im Hinblick auf das Thema der vorliegenden Arbeit einer kritischen Betrachtung, so kann man das Bestehen einer diurnalen Periodizität bei höheren Tieren nicht leugnen, obwohl die Ergebnisse unter verschiedenen Bedingungen und mit sehr unterschiedlichen Hilfsmitteln zustande gekommen sind. Eine exakte Differenzierung zwischen exogenen und endogenen Faktoren für das Zustandekommen eines Tag-Nacht-Rhythmus bei höheren Tieren liegt u. W. noch nicht vor.

Auf intermittierend in eine Stoffwechselperiode von mehreren Tagen oder Wochen eingestreuten 24-Stunden- oder noch kurzfristigere Energiewechsel-(Gaswechsel)-Untersuchungen beruht ein großer Teil der heute bekannten Energiemaßstäbe in der tierischen Produktion. Die Frage der Berechtigung solch kurzfristiger Meßvorgänge für den Aussagewert einer tierischen Gesamtleistung oder reinen Futtermittelwirkung wird noch diskutiert.

Der Untersucher hat sich für den Aussagewert des „Periodendurchschnitts" und der Einzelmessung stets die Frage vorzulegen, wieweit ein biologischer Vorgang kurzfristig oder auch langfristig durch das Zeitmaß, das ja vom Versucher willkürlich festgesetzt wird, tatsächlich erfaßt werden kann. Der Untersucher setzt dabei oft eine Kontinuität des Stoffwechselablaufes voraus, wenn Fütterungs- und Haltungsbedingungen gleich sind, ohne zu unterscheiden, ob der gemessene Gesamteffekt eine Addition wirklich gleichartiger oder gleichwertiger Einzelvorgänge ist.

Für die Messung des Energiewechsels bei landwirtschaftlichen Nutztieren haben diurnale endogene Rhythmen besondere Bedeutung, wenn es gilt, aus Stundenabschnitten des Tages besondere Energieumsatzveränderungen, z. B. Verdauungsarbeit, Energieverbrauch im Stehen oder Liegen, auf einen Basisenergieumsatz zu beziehen oder wenn besondere apparative Vorrichtungen zur Erfassung des Gaswechsels (Atemmaske, Trachealkanüle) nur kurzfristige, intermittierte Messungen zulassen.

Durch technische Verbesserungen der Gaswechselapparaturen insbesondere Klimatisierung, ist es heute möglich, auch langfristige Energiewechselmessungen bei exakter Kontrolle der exogenen Faktoren am Tier durchzuführen.

Die vorliegende Arbeit stellt sich die *Aufgabe, beim Hammel einen diurnalen Energiewechselrhythmus erneut zu erfassen,* wobei besonderer Wert auf die Differenzierung exogener Faktoren von endogenen Faktoren gelegt wird.

Versuchsmethodik

Die im Versuch benutzte Respirationsanlage wurde an historischer Stelle 1957 unter Verwendung des von HENNEBERG[12] erstellten Respirationskastens für Ochsen neu aufgebaut. Das offene System ist in Anlehnung an die von Kleiber im Institut für Haustierernährung der E. T. H. in Zürich errichtete Anlage entwickelt.

Gesamtaufbau der Respirationsanlage

Die Respirationsanlage besteht aus der Respirationskammer, die von einer Temperierkammer umgeben ist. Die Einzelheiten des Aufbaues, die im folgenden kurz beschrieben werden, gehen aus Abbildung 1 hervor. Die Respirationskammer ist für Schafe, Schweine oder Kälber benutzbar.

Die Respirationskammer ist aus Stahlblech gefertigt. Die Decke besteht zum größten Teil aus Glas, der Boden besitzt einen auswechselbaren Einsatz (*E*), der je nach der eingestellten Tierart eine besondere Anordnung für den Harnsammelbehälter (*S*) und die Kotschleuse (*V*) zuläßt. Boden und Decke werden von im Keller fundierten Stahlrohren frei getragen. Die seitliche Abgrenzung der Respirationskammer stellt ein mit Motorkraft in die Unterkellerung der Anlage absenkbarer Stahlmantel dar, der mittels Flüssigkeitsdichtungsrinnen (*D*) im geschlossenen Zustand einen gasdichten Abschluß der Kammer gewährleistet. Die Dichtungsrinnen werden mit Wasser und Paraffinölabdeckung beschickt und besitzen eine Niveaukonstanthaltevorrichtung, deren Funktion durch Wasserzulauf gesichert ist.

Dieser Aufbau wurde gewählt, um beim Anbringen und der Kontrolle physiologischer Meßgeräte am Tier (Pulszähler, Thermostromuhr usw.) ohne Standortveränderung des Tieres von allen Seiten Zugänglichkeit zu haben. Auswechselbare Einbauten in der Respirationskammer begrenzen die Bewegungsfreiheit der Tiere auf das erforderliche Maß. Das Nettovolumen (Gesamtvolumen minus Einbauten) der Respirationskammer beträgt 3332 Liter. Die Innenmaße betragen 246,5 × 124,3 × 112,5 cm.

Die Respirationskammer ist von einer Temperierkammer umgeben, die aus Stahlblech mit Korkisolierung gefertigt ist (Abb. 1 u. 2). Eine Eingangstür führt zu einem Umgang um den Respirationskasten, ein Doppelfensterdurchbruch dient zur Tageslichtbeleuchtung, ein zweiter Durchbruch zur Beobachtung aller im Innern der Temperierkammer angebrachten Meßinstrumente. Von hier aus ist auch über Spiegel eine Beobachtung des Versuchstieres von mehreren Seiten möglich.

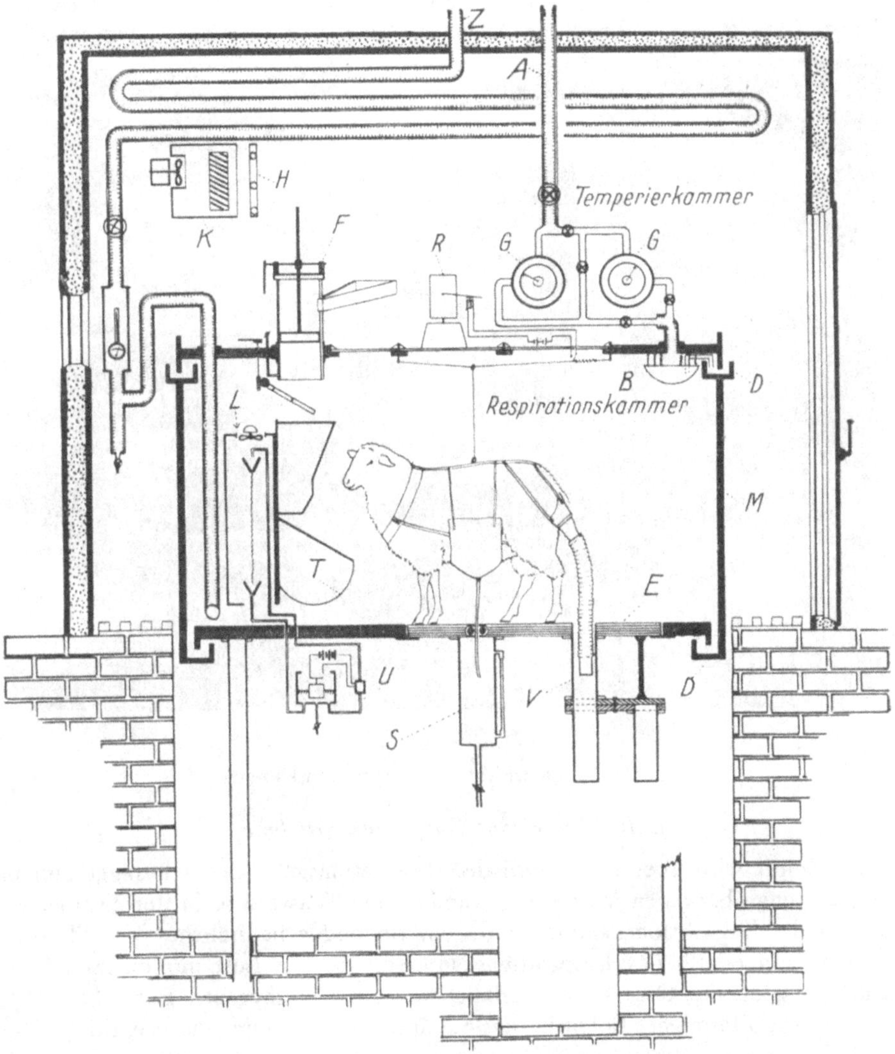

A = Abluft
B = Befeuchter für Abluft
D = Dichtungsrinne
E = auswechselbarer Bodeneinsatz
F = Futterschleuse
G = Gaszähler
H = Heizregister
K = Kühlregister
L = Luftentfeuchter
M = versenkbarer Kammermantel
R = Aktivitätsregistrierung
S = Sammelbehälter für Harn
T = Futtertrog mit Tränkfach
U = Umlaufsystem für Glyzerin
V = Kotschleuse
Z = Zuluft

Abb. 1. Gesamtaufbau der Respirationsanlage

Abb. 2. Gesamtansicht der Respirationskammer

Luftführung und Gasprobenentnahme

Die Zuluft wird über dem Dach des Respirationsgebäudes angesaugt und in einer Leitung über einen Vortemperierumlauf mit Wassersack in der Temperierkammer der Respirationskammer durch ein am Boden befindliches Verteilerrohr zugeleitet. Innerhalb der Respirationskammer wird die Luft mit einem Kleinventilator gemischt. Die Abluft verläßt die Kammer über den Befeuchter (*B*), der ein spiralförmiges Befeuchtungslabyrinth aus Baumwollgaze enthält. Die zur Befeuchtung notwendige Wassermenge wird mittels Dochtheber aus der Dichtungsrinne entnommen, so daß keine Volumenänderungen des Befeuchtungssystems stattfinden. Die Abluft kann zwei parallel oder in Serie geschaltete nasse Gaszähler (System Elster) passieren und wird von zwei wechelbar schaltbaren Exhaustoren mit Sychronmotoren abgesaugt.

Die Entnahme der Gasproben zur Analyse erfolgt unmittelbar am Zu- und Abgang der Respirationskammer. Die Gasproben werden in einem in der Temperierkammer befindlichen Rezipientensystem (Abb. 3) mittels Kapillarleitung zugeführt. Die Schaltung der einzelnen Rezipienten (*R*) geschieht außerhalb der Temperierkammer auf einem Verteilerbrett. Die Rezipienten sind mit Quecksilber gefüllt und können über Niveaugefäße (*N*/*N*) entleert werden, wobei dann die Gasprobe angesaugt wird. Die Probenentnahme erfolgt korrelativ über ein durch den Gaszähler (*G*) mittels vierfach verstellbarer Kontaktgebung gesteuertes Uhrwerk (*U*). Die Auslösung der jeweiligen Fallstufe der Hg-Niveaugefäße wird durch ein Relais bewirkt. Die Niveaugefäße können dabei durch ein umschaltbares Übersetzungswerk mit verschiedener Fallgeschwindigkeit gesenkt werden (12 Stufen). Jede Fallstufe ist mit einer entsprechenden Verzögerungseinstellung verbunden, so daß eine kontinuierliche Probenentnahme möglich ist. Die Unterbringung der Rezipienten in der Temperierkammer und die Verzögerungseinstellung der Fallstufen schließen nachweislich mit Sicherheit eine Rückdiffusion der in den Rezipienten gesammelten Gasproben in das System aus. Insgesamt sind 14 Rezipienten mit etwa 700 ccm Inhalt vorhanden.

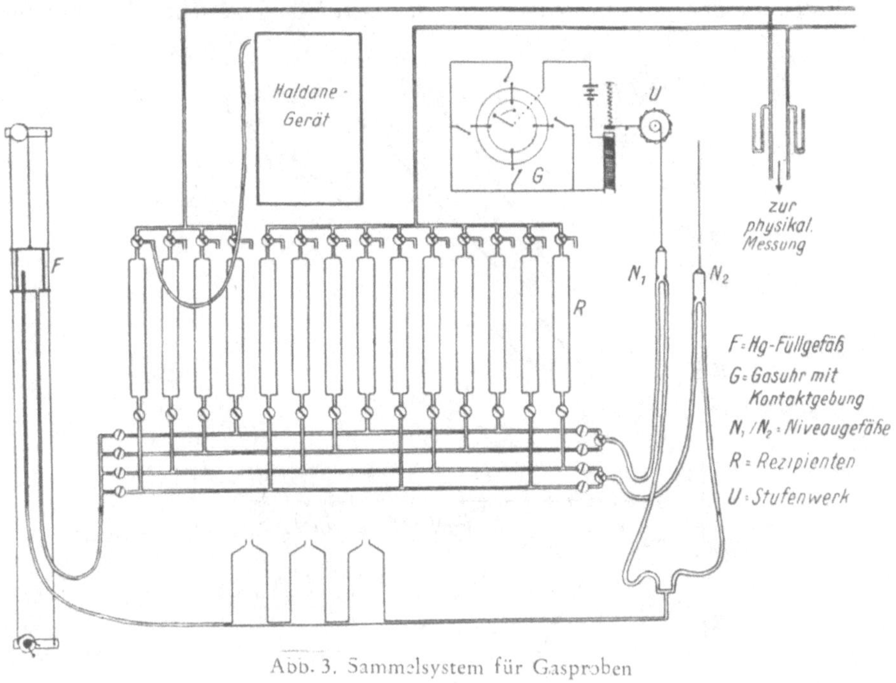

Abb. 3. Sammelsystem für Gasproben

Klimatisierung

Die *Temperatureinstellung* in der Respirationskammer erfolgt durch Wärmekonvektion über den Stahlmantel und die Kammerdecke mittels in Temperierkammer und Keller umgewälzter Luft. Die Luftkühlung wird mit dem Kühlregister (*K*) vorgenommen, das durch ein außerhalb der Temperierkammer befindliches Kälteaggregat gespeist wird (1,2 kW). Im Gegentakt zum Kühlregister arbeitet ein zweistufiges (2 × 1 kW) Heizregister (*H*), das durch eine Automatik über einen Thermofühler mit schaltfreier Mittellage gesteuert wird. Die Regelgenauigkeit der Luftumwälzung in der Temperierkammer beträgt ± 0,45 °C, die Temperaturschwankungen in der Respirationskammer, den Gaszählern und den Rezipienten sind infolge der hohen Wärmekapazität nach Einspielung der Anlage geringer als ± 0,1 °C und damit ausreichend konstant.

Die Regulierung der *Feuchtigkeit* wird in der Respiratinskammer vorgenommen. Die Kammerluft passiert im Umwälzerverfahren den Luftentfeuchter *L* (Abb. 1), der einen mit Glyzerin bestimmter Dichte beschickten Gastrockner enthält. Das Trocknungsmittel Glyzerin wird im Umlauf (*U*) durch Vakuumdestillation entwässert und so regeneriert dem Trocknungssystem wieder zugeführt. Da aus der Literatur nur wenig Daten über die Hygroskopizität von Glyzerin zu entnehmen sind, mußten diese Werte experimentell bestimmt werden. In Abb. 4 ist der Partialdruck des Wasserdampfes für gebräuchliche Temperaturen in Abhängigkeit von der relativen Feuchte der Luft und der entsprechenden Glyzerinkonzentration für den Gleichgewichtszustand graphisch dargestellt. Aus dem Diagramm läßt sich der Nutzungsbereich von Glyzerinkonzentrationen für die Einstellung der gewünschten Feuchte der Luft bei eingestellter Temperatur ablesen.

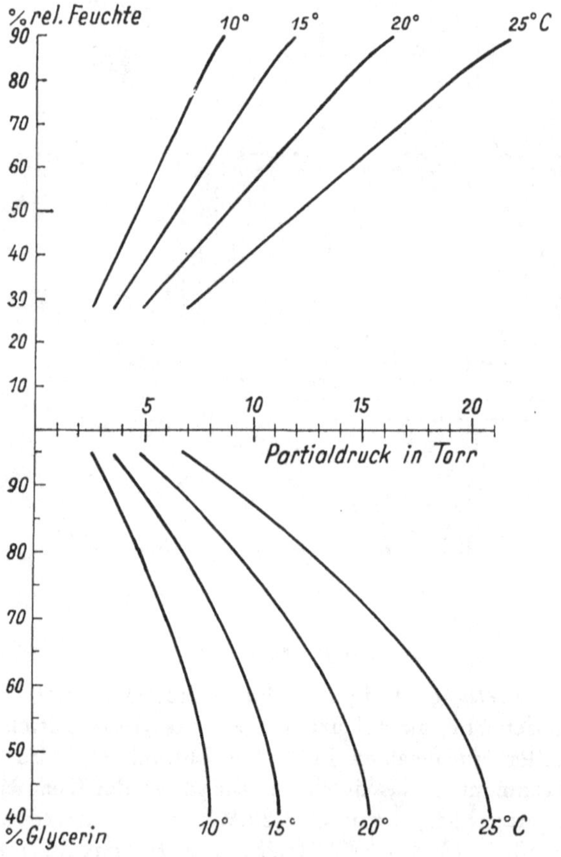

Abb. 4. Glycerinkonzentration und Einstellmöglichkeit für die relative Luftfeuchte

Die Vorteile dieser Entfeuchtungsanlage liegen in der leichten Steuerbarkeit, der Vermeidung großer Umluftmengen, die zu unerwünschter Zugluft in der

Respirationskammer führen können und der geringen CO_2-Bindungsfähigkeit von Glyzerin-Wassergemischen.

Die Luftfeuchte wurde psychrometrisch gemessen und zur Schnellkontrolle auch am Haarhygrometer abgelesen.

Futterschleuse, Kot- und Harnschleuse

In der hier beschriebenen Anlage sind apparative Einrichtungen angebracht, die neben einer nahezu luftfreien Fütterung auch eine Kot- und Harnentnahme ohne wesentlichen Gasverlust ermöglichen. Die Tiere konnten demnach ohne Störungen wochenlang im Apparat belassen werden.

Der *Futterautomat* (Abb. 1) besteht aus einem Zylinder, in dem ein Kolben mittels einer Zahnstange bewegt werden kann. Der Kolbenkörper ist mit mehreren Sprengringen gegen die Zylinderwand absolut abgedichtet.

Bei hochgestelltem Kolben wird das Futter über eine Zufuhrmulde seitlich in den Zylinder eingeführt; die untere Öffnung des Zylinders bleibt gasdicht verschlossen. Anschließend wird die Futtermenge durch den Kolben komprimiert, wobei die eingeschlossene Luft über Ventile nach außen entweicht. Nun wird der Zylinderboden geöffnet und durch einen weiteren Hub des Kolbens das „entlüftete" Futter in den Futtertrog abgeworfen.

Das Tränkwasser wird über ein Meßgefäß in ein besonderes Tränkfach des Troges geleitet.

Die Führung des Kotes erfolgt beim Hammel vom Geschirr (Hose) durch einen innen glattwandigen Faltenschlauch in den Kotsammelapparat.

Der *Kotsammelapparat* besteht aus einem Doppelflansch, dessen obere Hälfte feststeht und dessen untere Hälfte um eine Zentralachse drehbar ist. Die Gasdichte zwischen den Flanschen ist durch gefetteten Schliff und eine Hohlrinne mit Dichtungseinlage ablosut gewährleistet. Der untere Flansch trägt auswechselbare Kotsammelgefäße, die dem Volumen der Kotprobe angepaßt sind. Durch Drehen des unteren Flansches um 180° kann ein neues Kotsammelgefäß mit der Kotschleuse in Verbindung gebracht werden. Beim Wechseln der Kotsammelbehälter wird von der Kammerluftmenge weniger als $^1/_{10\,000}$ des Volumens entnommen, was bei Bezug auf den Luftdurchsatz des Gesamtsystems einen analytisch nicht mehr erfaßbaren Fehler darstellt.

Der Harn wird über Plastikharntrichter mit Schlauch in einen *Harnsammelbehälter* mit Flüssigkeitsstandglas abgeleitet. Luftfreie Entleerung bereitet keine Schwierigkeiten.

Die Ausführung des Geschirres für die Hammel ist so beschaffen, daß sie das Tier in seiner gegebenen Bewegungsmöglichkeit nicht beschränkt. Die Hammel können unbeschwert stehen, liegen, vor- und zurückgehen.

Aktivitätsregistrierung

Die Steh- und Liegezeiten der Hammel wurden mittels Seilzuges, Kontaktschalter und Relais auf einem Kymographion registriert. Die Zeiten für Fressen und Wiederkauen konnten über ein Spiegelsystem durch ein seitliches Fenster der Temperierkammer vom Überwachungsstand aus beobachtet werden.

Gasanalyseeinrichtungen

Die Bestimmung von O_2, CO_2 und CH_4 in den Gasproben der Respirationskammer wird nach dem Prinzip von HALDANE [11] durchgeführt. Die Gesamtkapazität der Meßbürette beträgt 100 ccm mit einer Spezialunterteilung in 0,01 ccm von 78 bis 82 ccm und von 97 bis 100 ccm. Dadurch ist die Möglichkeit gegeben CO_2 bis zu 3 Vol.% und O_2 von 18 bis 21 Vol,% zu bestimmen. Die O_2-Absorption erfolgt mit $Na_2 S_2 O_4$, die CO_2-Absorption durch KOH-NaCl-Lösung. CH_4 wird in einer Verbrennungspipette in CO_2 überführt.

Zur fortlaufenden Messung und Registrierung der CO_2 und O_2-Gehalte der Abluft ist ein Hartmann-&-Braun-Gasanalysator eingebaut, der nach dem Prinzip der Wärmeleitfähigkeitsänderung nach NOYONS [22] arbeitet. Die Betriebsspannung für das Gerät wird von einem Konstanttransformator geliefert. Über eine umschaltbare Verteileranlage für das Probegas, in der eine Verbrennungspipette für Methan eingebaut ist, wird die Analysenprobe und das Vergleichsgas unter gleichen Druck-, Durchfluß- und Temperaturbedingungen gestellt. Die Meßwerte für O_2 und CO_2-Gehalt druckt ein Zweifarbenschreiber im 30-sec-Zeitintervalle.

Funktionsprüfung der Respirationsapparatur

Bei Respirationsversuchen ist die Gaswechselmessung einem Fehler unterworfen, der im Wesentlichen ein zusammengesetzter systematischer Fehler der verwendeten Meßgeräte ist.

Der Funktionsprüfung der Geräte gingen Untersuchungen auf Dichte der Respirationskammer und Ablesegenauigkeit für Feuchte, Temperatur und Luftdruck voraus. Die Meßgeräte entsprachen den gewünschten physikalischen Anforderungen, der Fehler der Luftfeuchtebestimmung für die Berechnung des Kammervolumens betrug maximal ± 2% relative Feuchte. Die zur Analyse gelangenden Gasproben waren mit Wasserdampf gesättigt. Die nassen Gaszähler wurden bei 60 mm Wassersäule betrieben und waren auf diesen Druck justiert. Die relative Meßgenauigkeit der geeichten Gasuhren beträgt bei einer Belastung von Q bis $Q_{max.}$ maximal ± 0,5% der durchgesetzten Gasmenge. Die durchgesetzte Gasmenge wurde während des Versuches konstant gehalten. Um Fehlermöglichkeiten soweit wie möglich auszuschalten, wurden die Gasuhren im „temperierten Raum“ der Respirationsanlage aufgestellt und das zu messende Gas mit beschriebener Befeuchtungsanlage mit Wasserdampf gesättigt, bevor es in die Gasuhr gelangte. Luftproben und Luftmessung des Gesamtdurchsatzes standen stets unter gleichen Temperatur- und Druckbedingungen, wie Kontrollen ergaben.

Da bei der Berechnng der verschiedenen Größen vom Mittelwert der Meßreihen ausgegangen wurde, erscheint es sinnvoll, den sich dabei ergebenden sogenannten mittleren absoluten oder relativen Fehler der Ergebnisse aus den mittleren Fehlern der einzelnen Größen nach dem Gauß'schen Fehlerfortpflanzungsgesetz zu berechnen. Der mittlere absolute oder relative Fehler ist der wahrscheinlichste Fehler, da eine gewisse Wahrscheinlichkeit für einen teilweisen gegenseitigen Ausgleich der Fehler der einzelnen Größen besteht.

Kammerluftmenge

Der mittlere systematische Fehler bei der Berechnung der Kammerluftmenge wird im wesentlichen von der Temperaturmessung t und der Messung der relativen Luftfeuchte F getragen. Der Druck b kann hier als konstant angesehen werden, da er nur zu einem Zeitpunkt bestimmt und mit einem Barometer höchster Präzision erfaßt wird. Eine Nachkontrolle ist nicht oder kaum möglich. Der Fehler der Wasserdampftension e_t ist dabei im Bereich der eingestellten Temperatur zahlenmäßig gleich dem Fehler der Temperatur. Als fehlerlose Größen wurden weiter das Kammervolumen V und die Größe α der Gasreduktionsgleichung auf Normalbedingungen angenommen. Bei $a = \frac{V}{760}$ errechnet sich der mittlere absolute systematische Fehler für die Kammerluftmenge demnach:

$$\triangle V_0 = \pm \sqrt{\left(-\frac{a}{1+\alpha t} \triangle e\right)^2 + \left(\frac{a \cdot \alpha \cdot (e-b)}{(1+\alpha t)^2} \triangle t\right)^2} \qquad (1)$$

Der mittlere relative ist gleich:

$$\frac{\triangle V_0}{V_0} \cdot 100\,\% \qquad (2)$$

Bei einem Kammervolumen von 3332 l beträgt der absolute mittlere Fehler der Kammerluftmenge ± 1,798 l, der mittlere relative Fehler demnach ± 0,05%. Der Fehler kann als sehr gering betrachtet werden.

Gasdurchsatz

Der Gasdurchsatz D und die Temperatur der Gasuhr sind unmittelbar mit Fehlern behaftet. Der Fehler des Gasdurchsatzes geht direkt ein; der Fehler der Temperatur t geht einmal direkt ein und indirekt bei der Berechnung des Fehlers von e_t. Die übrigen Faktoren werden als konstant angenommen, wobei für b eine Konstanthaltung des Förderdruckes im nassen Gaszähler und eine Integrierung der Luftdruckmessung über die Meßzeit notwendig ist. Dann beträgt der absolute mittlere Fehler des Gasdurchsatzes:

$$\triangle D_0 = \pm \sqrt{\left(\frac{b-e}{760\,(1+\alpha t)} \triangle D\right)^2 + \left(-\frac{D}{760\,(1+\alpha t)} \triangle e\right)^2 + \left(\frac{D \cdot \alpha\,(e-b)}{760\,(1+\alpha t)^2} \cdot \triangle t\right)^2} \quad (3)$$

Dabei ist

$$\triangle e = \pm \sqrt{\left(\frac{F}{100} \triangle D\right)^2 + \left(\frac{e\,t}{100} \cdot \triangle F\right)^2} \qquad (4)$$

Für einen 12-Stundendurchsatz mit 18 000 l Luft ist der mittlere absolute systematische Fehler des Gasdurchsatzes ± 82,5 l, der mittlere relative Fehler demnach ± 0,46%.

Gasanalysen

Für die mit dem Haldanegerät ausgeführten Gasanalysen ergeben sich die folgenden Fehler:

	Größenordnung der Gasmenge	Standardabweichung bezogen auf den Analysenwert
CO_2	1 bis 1,5 %	± 0,098 %
O_2	20,9 %	± 0,210 %
CH_4	0,075 %	± 3,70 %

Die mittlere absolute Abweichung der CO_2-Analysenwerte der atmosphärischen Luft (0,030% CO_2) betrug ± 0,005% CO_2.

Die Genauigkeit der Gasanalysen ist demnach größer, als sie für Respirationsversuche gefordert wird.

Kammervolumen

Das Kammervolumen wurde durch Ausmessen der Kammer ermittelt. Sämtliche Einbauten wurden auf Grund ihres spezifischen Gewichtes vom ausgemessenen Rohkammervolumen abgezogen. Das berechnete Kammervolumen betrug 3329 l.

Durch Eichversuche mit reinem Kohlendioxyd-Kontrollgas wurde ein Kammervolumen von 3332 l ± 0,46% bestimmt. Der Wert von 3332 l Kammervolumen dient als Grundlage für alle weiteren Berechnungen.

Das Ergebnis dieser Kammervolumeneichung mit Kontrollgas lieferte gleichzeitig den Beweis für die Betriebssicherheit der Gesamtapparatur.

Physikalische Gasanalyse

Die physikalische CO_2- und O_2-Bestimmung mit dem Hartmann & Braun-Gasanalysator ist für die Auswertung von wissenschaftlichen Gaswechselmessungen nur bedingt brauchbar.

Zur Erfassung von Tendenzen in der CO_2- und auch O_2-Ausscheidung bei Tieren ist er brauchbar, wenn er, wie hier gesehen, temperiert betrieben und mit einem zusätzlichen Umschaltwerk zur wiederholten kurzfristigen Einstellung des 0-Punktes versehen ist.

Die Sauerstoffbestimmung liegt außerhalb der erforderlichen Genauigkeitsgrenzen. Die CO_2-Bestimmung kann bei einem Gehalt der Luftprobe von ca. 1,5% CO_2 mit einer Standardabweichung von ± 4,05% bezogen auf den gemessenen CO_2-Gehalt, durchgeführt werden. Die Standardabweichung wurde aus 1000 Einzelwerten berechnet.

Aufbau der Anschlußapparatur

Gleich im Anschluß an die Respirationsversuche nach dem Einschlußprinzip wurden Anschlußversuche mittels Trachealkanüle durchgeführt. Dabei standen die Hammel in den gewohnten Stoffwechselkästen und trugen Stoffwechselgeschirr.

Die Tracheotomie erfolgte mit Substanzverlust in Höhe des fünften Ringknorpels der Trachea. Die Operationswunde wurde durch einen auswechselbaren Tracheotubus verschlossen, der aus versilbertem Kupfer hergestellt war. In den Tracheotubus wurde nach der Verheilung eine angepaßte Tamponkanüle nach Trendelenburg (Abb. 6) eingeführt, die in Verbindung mit einem U-förmigen Anschlußrohr aus PVC-Material stand. Die Weiterleitung der Atemgase führte über Inspirations- und Expirationsventile am Anschlußrohr in Faltenschläuchen zum Gasanalysengerät (siehe Abb. 5).

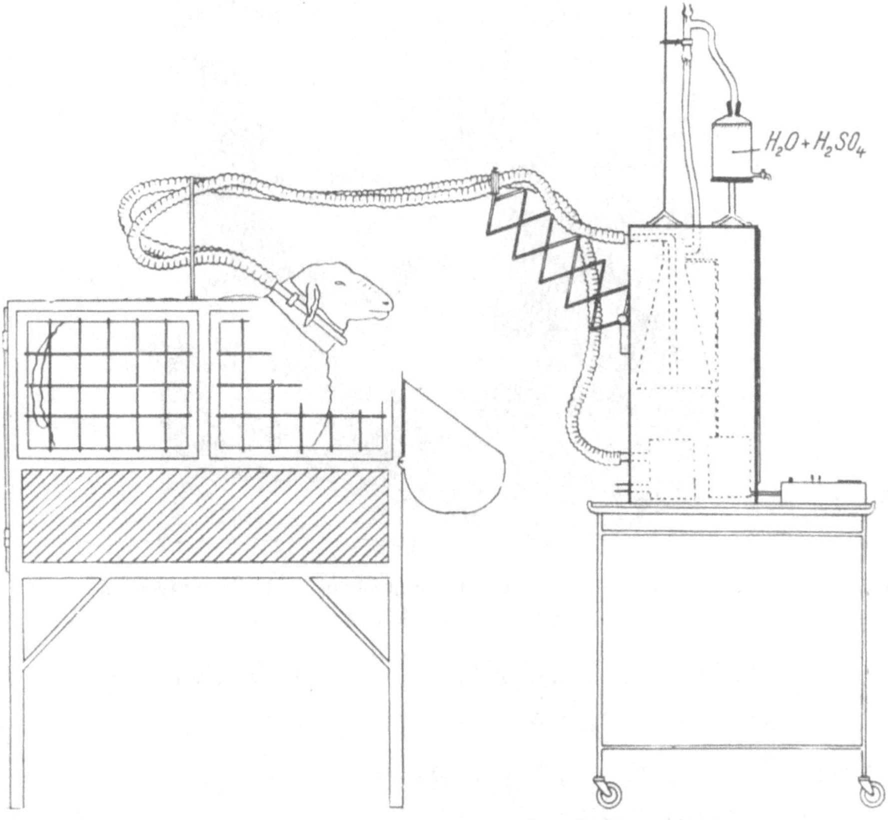

Abb. 5. Gesamtansicht der Anschlußapparatur

Die Gesamteinrichtung wurde am Tier mit Halsband befestigt. Die Trachealkanüle und die Anschlußteile hatten nur ein geringes Eigengewicht

Tamponkanüle	20 g
Dauertracheotubus mit Anschlußrohr und Ventilen	150 g

Die Analyse der Atemgase erfolgte mit dem in der Humanmedizin gebräuchlichen „Hartmann & Braun-Grundumsatzgerät“. Der zugehörige Analysator wurde mit einem Zweifarbenschreiber zur Registrierung der CO_2- und O_2-

Werte verbunden. Vorsichtshalber wurden die Atemgase vor der Analyse über eine Verbrennungspipette geleitet. Zur Kontrolle des Gaswechselschreibers diente die Gasanalyse aus Parallelgasproben nach Haldane.

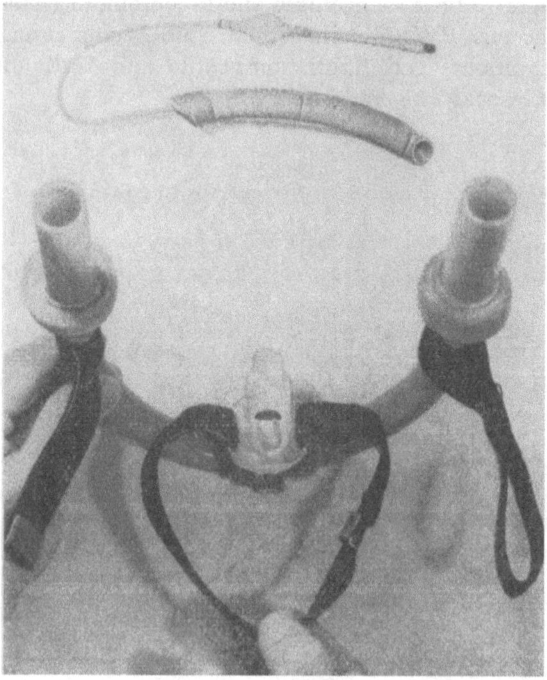

Abb. 6. Trachealkanüle nach TRENDELENBURG und Ansatzstück mit Expirations- und Inspirationsanschluß

Haltungs- und Fütterungsbedingungen der Versuchshammel

Versuchstiere

Als Versuchstiere dienten zwei klinisch gesunde dreijährige Hammel der Rasse Merino-Landschafe. Sie hatten gleiches Alter und Gewicht und befanden sich seit Monaten bei gleichmäßiger Fütterung in gleichem Ernährungszustand. Das mittlere Lebendgewicht von Hammel I betrug während der Versuche 42,4 kg, von Hammel II 43,5 kg. Das Körpergewicht spielt eine Rolle für die Berechnung des Kammervolumens. Als spezifisches Gewicht wurde 0,92 angenommen. Der tägliche durchschnittliche Wollzuwachs war relativ gering: Hammel I 6,88 g Wolle, Hammel II 6,72 g Wolle täglich. Bei der Kürze der ausgewerteten Versuchsperioden erübrigte sich für die Volumenbestimmung eine Korrektur durch Gewichtsveränderung oder Wollzuwachs.

Fütterung

Als Versuchsration diente eine Mischung von

600 g Troblako
300 g Haferstroh
100 g Sojaschrot,

die für lange Zeit in den Komponenten sichergestellt und bereits 9 Monate lang vor Versuchsbeginn gegeben worden war. Aus Tabelle 1 geht der Gehalt der Futtermittel und der Ration an Rohnährstoffen und der Brennwert hervor.

Tabelle 1. *Futtermittel- und Rationszusammensetzung*

Futtermittel	Rohprotein	Rohfett	Rohfaser	N-freie Extr. Stoffe	Rohasche	Brennwert kcal
Troblako	13,55	1,50	12,65	57,50	14,80	478,48
Haferstroh	2,76	2,01	41,60	46,78	6,85	550,87
Sojaschrot, extr. . .	50,35	0,55	6,51	35,35	7,24	516,62
	In der Tagesration g					
Gesamtration 826,1 g Trockensubstanz . .	115,4	12,9	172,1	429,5	96,2	4166,2

In den Versuchen wurde die Verdaulichkeit der Rohnährstoffe ermittelt und folgende Werte gefunden (Tab. 2):

Tabelle 2. *Verdaulichkeit in %*

	Hammel I	Hammel III
Rohprotein	57,24	64,13
Rohfett	78,06	63,95
Rohfaser	66,85	71,07
N-freie Extraktstoffe . . .	74,23	75,98

Hinsichtlich der Verdaulichkeit der Rohnährstoffe wiesen die beiden Versuchshammel Unterschiede auf, die für die Fragestellung jedoch nicht von Bedeutung sind.

Der Rohnährstoffgehalt der Futtermittel und der Exkremente wurde nach der WEENDER Methode [21] bestimmt. Die Bestimmung des Brennwertes erfolgte im Kalorimeter nach BERTHELOT-MAHLER.

Als Tränke erhielten die Tiere täglich 4 Liter Wasser zugemessen, die restlos aufgenommen wurden. Die Fütterung erfolgte bei gleichzeitiger Tränkung gleichbleibend im 12-stündigem Abstand um 8.00 Uhr und 20.00 Uhr.

Haltungsbedingungen

Die Versuchstiere wurden über Monate im Vorversuchsraum, der der Respirationskammer benachbart war, gehalten und vollständig gleich behandelt, um eine möglichst ausgeglichene psychische Verfassung zu erreichen. Die Hammel befanden sich hier bereits nur unter dem Einfluß eines konstanten Kunstlichtes bei einer Temperatur und relativen Feuchte, die den Verhältnissen in den späteren Versuchen entsprachen. Von Zeit zu Zeit wurden die Tiere zur Eingewöhnung in die Respirationskammer eingestellt, bis sie sich dort genau so ruhig verhielten, wie im Vorversuchsraum. Im Vorversuchsraum wurden auch die Anschlußversuche durchgeführt. Die Umgebungstemperatur betrug 19,2° C, die relative Feuchte der Luft lag bei 78%.

Versuchsergebnisse und Diskussion

In der vorliegenden Arbeit wird der Frage nach der *Möglichkeit* des *Nachweises einer diurnalen endogenen Periodizität im Stoffwechsel von Wiederkäuern* nachgegangen. Die Versuchsanstellung kann nur dann einen gesicherten Aussagewert ergeben, wenn erfaßbare Stoffwechselgrößen so differenziert werden können, daß sie den physiologischen periodischen Ablauf wiederspiegeln, ohne durch Außenfaktoren gestört zu sein.

Als *Außenfaktoren,* die einen physiologischen Stoffwechselvorgang beeinflussen können, sind beim Tier bekannt:

1. Klima: Luftfeuchtigkeit, Temperatur, Luftdruck und Beleuchtungsverhältnisse
2. Fütterung: Fütterungszeit und Futtermenge (und Tränkwasser)
3. Geräuschkulisse, Umgebungsbild.

Es ist selbstverständlich, daß durch Anordnung dieser Außenfaktoren im Tagesablauf bestimmte Rhythmen der Stoffwechselvorgänge induziert werden können, die Periodizität darstellen können. Die Außenfaktoren sollten jedoch in diesen Versuchen mit Hilfe besonderer apparativer Einrichtungen während der Versuchszeiten relativ konstant gehalten werden, um eine endogene Stoffwechselrhythmik im Tagesablauf erkennbar zu machen.

Die Schwankungen der Haltungsbedingungen – Temperatur 19,2° C ± 0,35% oder Luftfeuchtigkeit 77,9% ± 0,95 – waren für das Einzeltier so gering, daß eine physiologische Stoffwechseländerung nicht induzierbar erscheint. Veränderungen von Stoffwechselgrößen durch Klimaeinflüsse sind in der Literatur reichlich beschrieben, doch lagen dabei stets Vergleichsmessungen weiterer Temperaturbereiche und Feuchtigkeitsverhältnisse als meßbare Größen vor, als sie hier gegeben sind. Die Beleuchtung der Tiere übt ebenfalls einen erheblichen Einfluß auf die Stoffwechselintensität aus. Künstliche gleichmäßige Beleuchtung erschien deshalb ein wesentlicher Faktor für den Modellversuch zu sein, um weiterhin den Einfluß von Außenfaktoren gering zu halten. Die Versuchszeit war hinsichtlich der Luftdruckänderungen besonders günstig. Die Maximalabweichung von Tag zu Nacht betrugen maximal ± 4 mm Hg, die Standardabweichung Tag-Nacht betrug bei Hammel I ± 2,3 mm Hg und bei Hammel II ± 2,0 mm Hg. Diese Luftdruckänderungen sind sehr gering.

Durch Kau- und Verdauungsarbeit wird der Stoffwechsel erheblich beeinflußt. Es erschien deshalb in diesen Modellversuchen notwendig, die Fütterungszeiten symmetrisch (12 Stunden Abstand) auf die Versuchszeit von 24 Stunden zu verteilen, worauf andere Versuchsansteller nicht achteten. Damit ergaben sich im Laufe eines Versuchstages zwei Zeitpunkte, nach denen eine erhöhte Beeinflussung des Energiewechsels zu erwarten war. Die Versuche wurden im März durchgeführt. Der Versuchstag umfaßt somit zwei Zeitabschnitte, die als Tag und Nacht wirklich zu vergleichen sind. Unsymmetrisch verteilte Fütterungszeiten würden automatisch eine Periodizität Tag-Nacht ergeben können.

Die Bewegungsaktivität der Versuchstiere ließ sich jedoch ohne Zwangsmittel, die unkontrollierbare Folgen haben können, nicht beeinflussen (Tab. 3).

Tabelle 3. *Einzelwerte der im Stehen und Liegen verbrachten Zeiten in Minuten*

Versuchstag	Tag		Nacht		Tag	Nacht	Positionsänderungen	
	Stehen	Liegen	Stehen	Liegen	Stehen	Liegen	Tag	Nacht
Hammel I								
1	274	446	434	286	708	732	6	6
2	364	356	355	365	719	721	6	6
3	249	471	449	271	698	742	9	4
4	403	317	326	394	729	711	4	5
5	311	409	340	380	651	789	4	5
6	340	380	468	252	808	632	5	4
7	464	256	486	234	950	490	4	6
8	470	250	433	287	903	537	3	5
Ø	359	361	411	309	771	669		
Ø %	49,9	50,1	57,1	42,9	53,5	46,5		
Hammel II								
1	195	525	165	555	360	1080	13	14
2	225	495	195	525	420	1020	14	13
3	239	481	179	541	418	1022	14	14
4	193	527	191	529	384	1056	13	13
5	207	513	188	532	395	1045	14	15
6	265	455	158	562	423	1017	14	14
7	169	551	190	530	359	1081	17	13
8	160	560	145	575	305	1135	13	13
Ø	207	513	176	544	383	1057		
Ø %	28,8	71,2	24,5	75,5	26,6	73,4		

Trotz gleicher Haltungsbedingungen verhielten sich die Hammel unterschiedlich. Die Steh- und Liegezeiten weisen bei Hammel I ein Verhältnis von ca 1 : 1 und Hammel II von ca. 1 : 3 auf, wobei die Verteilung auf Tag und Nacht als nahezu gleich anzusehen ist. Diese individuellen Verhaltensweisen mit gleicher Tag- und Nacht-Verteilung erleichtern von vornherein die Aussage für periodische Stoffwechseländerungen in den Tag- und Nachtabschnitten, da Korrekturen der Aktivität auf gleiche Verhältnisse (Steh- und Liegezeiten) den geringsten Fehler für den Einzelabschnitt hervorrufen.

Eine Beeinflussung der Stoffwechselintensität wurde durch Geräusche nicht oder zeitlich symmetrisch beim Fütterungsvorgang möglich.

Eine kritische Untersuchung, welchen erfaßbaren wesentlichen Stoffwechseländerungen der größtmögliche Aussagewert für eine Periodizität zukommt, soll im folgenden angestellt werden.

Zusammengesetzte Energiewechselmasse, gewonnen aus gasförmigen, festen und flüssigen Ausscheidungen

Als Maße zur Erfassung einer Periodizität im Energiewechsel bieten sich die umsetzbare Energie oder besser die Nettoenergie an. Die Erfassung dieser Energiemasse erfordert nicht nur die Messung des Gaswechsels, sondern auch die Bestimmung des Brennwertes von Harn und Kot. Die kurzfristige abgegrenzte Sammlung von Exkrementen für einen 12-Stunden-Abschnitt bereitet unüberbrückbare technische Schwierigkeiten. Für den Harn ließe sich wohl durch Katheterisieren mit größerer Genauigkeit eine Halbtagesprobe gewinnen, was für den Kot nicht erreichbar ist. Selbst wenn man den Tagesharn und Tageskot für mehrere Wochen, wie das hier geschehen ist, sammelt, so ergeben sich für die Einzelportionen erhebliche Abweichungen (Tabelle 4).

Tabelle 4. *Tägliche Harn- und Kotmengen*

	Hammel I	Hammel II
g Harn ∅	1118,9 g	1235,3 g
g max. Abweichung . . .	+ 490,0	+ 98,0
	— 243,0	— 98,0
Standardabweichung in % .	± 22,8 %	± 6,2 %
g Kot ∅	268,0	247,1
g max. Abweichung . . .	+ 75,6	+ 49,7
	— 48,1	— 29,2
Standardabweichung in % .	± 14,6 %	± 10,2 %

Auch die hier besonders durchgeführte gleichmäßige Haltung der Hammel führte zu keiner ausgeglichenen Kot- und Harnabgabe.

Der prozentuale Fehler im Brennwert der Tageskotausscheidungen (bezogen auf 100 g Kottrockensubstanz) ist erheblich (Hammel I ± 3,08%, Hammel II ± 4,17%). Dieser Fehler kann nicht auf einen systematischen physikalischen Bestimmungsfehler zurückgeführt werden, er deutet vielmehr Mischungsfehler, Ausscheidungsfehler oder Abweichungen im Verdauungsvorgang, z. B. veränderlichen Pansen-Gäraufschluß an. Ähnliche Abweichungen wurden auch im prozentualen Rohfasergehalt der Kottrockensubstanz gefunden.

In Tabelle 5 sind Durchschnittswerte für die umsetzbare Energie angeführt.

Tabelle 5. *Umsetzbare Energie der Versuchsration*

	Hammel I	Hammel II
Futter, kcal	4166,2	4166,2
Kot, kcal	1106,4	1030,7
Harn, kcal	110,9	119,3
Gärgase, kcal	202,6	197,0
Umsetzbare Energie, unkorrigiert	2746,3 kcal	2819,2 kcal
max. Abweichung	+ 246,6 kcal — 240,3 kcal	+ 179,8 kcal — 159,0 kcal
Umsetzbare Energie korr. auf N-Gleichgewicht F = 7,45 nach RUBNER	2706,1 kcal	2778,7 kcal
max. Abweichung	+ 221,7 kcal — 80,3 kcal	+ 178,0 kcal — 147,9 kcal

Nachdem somit festgestellt ist, daß die Berechnung und Bestimmung der klassischen Energiemaße nicht der ideale Weg zur Erfassung einer kurzfristigen Stoffwechselperiodizität ist, wird im folgenden nach einem physiologischen Bezugssystem gesucht, daß sich aus genauer abgrenzbaren Meßgrößen zusammensetzt und wenigstens einen Teilausschnitt des Energiewechsels ablesen läßt.

Gaswechselmeßwerte

Ein großer Teil der Autoren[2, 6, 8, 12, 14, 15, 16, 17, 18, 19] macht Aussagen zur diurnalen Periodizität nur auf Grund von Gaswechselmessungen (CO_2-Ausscheidung, O_2-Verbrauch durch das Tier).

Auch in dieser Studie wurde der tageszeitliche Gang z. B. der CO_2-Ausscheidung bei gleichem Luftdurchsatz in der Respirationskammer mit Hilfe der physikalischen Gasanalyse bestimmt.

In Abbildung 7 ist der durchschnittliche CO_2-Gehalt der Kammerluft für mehrere hintereinander liegende Versuchstage aufgezeichnet.

Alle CO_2-Kurven zeigen einen ähnlichen Verlauf.

Die relativ geringe CO_2-Produktion von Hammel II erklärt sich aus seiner geringen Bewegungsaktivität. Hammel I steht ca. $^1/_4$ der Zeit, während Hammel II ca. $^1/_2$ der Zeit steht. Die Angleichung der CO_2-Kurven für beide Tiere am Tage beruht darauf, daß Hammel II am Tage länger als in der Nacht steht.

Um 8.00 Uhr und um 20.00 Uhr wurde gefüttert. Bis ca. 6 Stunden nach der Nahrungsaufnahme verlaufen die CO_2-Kurven ansteigend, um dann wieder bis zum Minimum kurz vor der nächsten Fütterung abzufallen. Nach jeder Fütterung weisen die CO_2-Kurven im ansteigenden Ast zwei Gipfelpunkte (G_1 und G_2) auf. Der rhythmische Verlauf der aufgezeichneten Kurven und das Auftreten von Gipfelpunkten nach der Nahrungsaufnahme ist mit der Verdauungsarbeit einschließlich dem Wiederkauen der Versuchstiere ausreichend erklärbar.

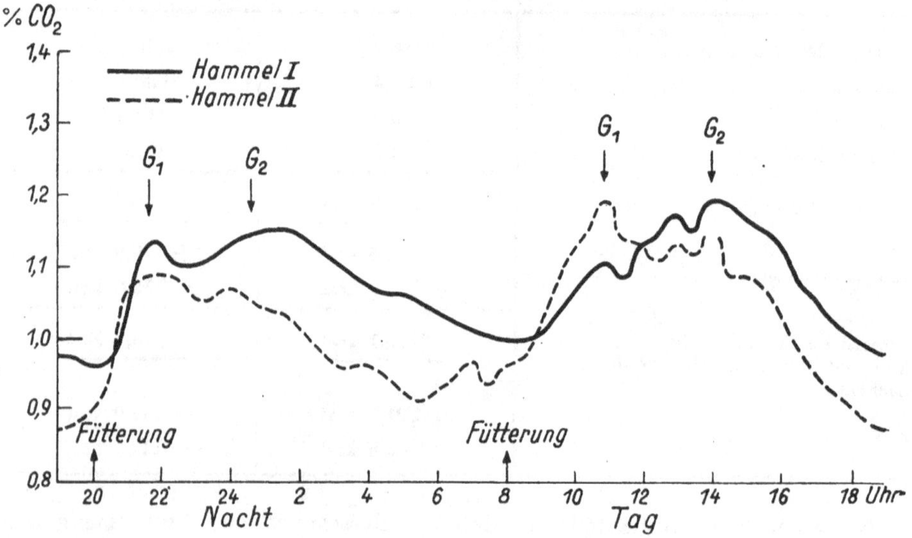

Abb. 7

Nach der Morgenfütterung ist der Anstieg der CO_2-Kurven weniger steil als nach der Abendfütterung. Jedoch werden die Höchstwerte nach der Morgenfütterung wesentlich kürzere Zeit auf ihrem Niveau gehalten als nach der Abendfütterung. Inwieweit sich daraus Unterschiede in der CO_2-Abgabe für Tag und Nacht ergeben, ist aus den Einzelpunkten der Kurven nur sehr ungenau zu berechnen, da die Bewegungsaktivität mit in die Kurve eingeht. Die zeitliche Verteilung der Bewegungsaktivität im Halbtagesabschnitt ist sehr unterschiedlich. Der Einfluß der Bewegungsaktivität auf die CO_2-Ausscheidung bzw. den Energiewechsel wird nach dem Trachealanschlußverfahren untersucht (siehe weiter unten).

Die von HENNEBERG [12] gefundene Periodizität Tag und Nacht beruht beim Schaf auf CO_2-Messung allein. Der Unterschied in der CO_2-Abgabe betrug nach HENNEBERG bezogen auf den Tag = 100% in der Nacht nur 78,6% (39,2 g Std./Tag, 30,8 g Std./Nacht).

In dieser Studie wurden für Tag bzw. Nacht die in Tabelle 6 angeführten CO_2-, CH_4- und O_2-Werte gefunden.

Nach Tabelle 6 zeigen die CO_2-Werte Tag/Nacht eine gewisse Periodizität, wobei im allgemeinen die Tageswerte höher als die Nachtwerte liegen. Doch ist dies nicht in allen Fällen trotz der sorgfältigen Vorbereitung und gleichmäßigen

Haltung der Hammel gegeben. Überdies entspricht die Größenordnung der Tag- und Nachtunterschiede für CO_2 durchaus nicht der von HENNEBERG angegebenen.

Tabelle 6. *CO_2-Abgabe, CH_4-Bildung und O_2-Verbrauch (Liter normal)*

Versuchstag	CO_2		CH_4		CO_2 korr.		O_2	
	Tag	Nacht	Tag	Nacht	Tag	Nacht	Tag	Nacht
Hammel I								
1	190,67	159,56	16,66	6,64	174,01	152,92	201,00	161,31
2	183,53	185,21	13,54	18,10	169,99	167,11	217,40	191,31
3	187,88	170,71	11,14	8,38	176,44	162,33	202,12	176,31
4	193,05	193,97	9,35	7,30	183,70	186,67	201,00	203,62
5	205,14	190,89	9,01	9,90	196,13	180,99	198,41	173,92
6	189,67	174,93	7,89	7.37	181,78	167,56	192,89	173,89
7	197,63	180,51	12,39	8,62	185,24	171,89	202,31	201,19
8	190,72	193,13	10,72	13,08	180,00	180,05	184,40	197,60
Hammel II								
1	176,04	186,10	9,11	10,82	166,93	175,28	225,84	191,28
2	176,64	175,25	9,03	14,06	167,61	161,19	218,55	169,11
3	186,41	182,25	10,38	11,96	176,03	170,29	167,54	161,93
4	181,46	173,51	8,87	8,93	172,59	164,58	188,44	190,49
5	176,66	178,44	10,30	8,42	166,36	170,02	175,03	168,74
6	181,96	179,26	9,13	12,73	172,83	166,53	177,46	189,97
7	184,47	176,38	9,80	9,51	174,67	166,87	192,20	179,89
8	177,97	174,14	10,91	11,38	167,06	162,76	198,96	193,98

Beim Wiederkäuer besonders, aber auch bei anderen Tieren setzt sich die CO_2-Ausscheidung aus der CO_2-Abgabe des intermediären Stoffwechsels des Tieres und der durch die fermentativen Prozesse des Verdauungstraktes gebildeten CO_2 zusammen. Eine Trennung der beiden CO_2-Quellen ist experimentell schwer möglich. Außerdem ist der Gärungsablauf im Verdauungstrakt nicht gleichmäßig, wie insbesondere an der zeitlich unterschiedlichen CH_4-Bildung abzulesen ist (Tabelle 6). Eine ablesbare Regelmäßigkeit in der Höhe oder zeitlichen Verteilung der Methanbildung ist nicht vorhanden. Ein Zusammenhang mit der Bewegungsaktivität, der evtl. von Einfluß auf die Fermentation oder Durchgangszeit des Futters sein könnte, konnte ebenso nicht rechnerisch nachgewiesen werden.

Abgesehen von der Tatsache, daß die analytisch erfaßte „Methanmenge" nicht reines Methan ist, sondern noch andere brennbare Gase enthalten kann, ist es unbedingt notwendig, den CO_2-Wert auf Methan hin zu korrigieren. Die korrigierten CO_2-Werte sind in Tabelle 6 angeführt.

Der Weg der Korrektur geht von folgender Vorstellung aus: Der größte Teil des ausgeschiedenen Methans dürfte über das Hauptgärungsprodukt Essigsäure bei der Pansengärung entstehen. Da aus einem Mol-Essigsäure je ein Mol Methan und ein Mol CO_2 gebildet werden können, kann der CO_2-Wert durch Abzug des CH_4-Wertes korrigiert werden.

Nach Tabelle 6 ergibt sich in 75% der Fälle bei einem Vergleich Tag/Nacht der CO_{2korr}-Werte ein geringerer CO_{2korr}-Wert für die Nacht.

Ähnliche Tendenzen zeichnen sich auch bei den O_2-Werten ab.

Die an den korrigierten CO_2-Werten ablesbare diurnale endogene Tag/Nacht-Periodizität ist aber erst zu sichern, wenn weitere Korrekturen angebracht sind.

Ein wichtiger Außenfaktor, der Periodizität endogener Art vortäuschen kann, ist eine symmetrisch verteilte Bewegungsaktivität. Um eine Aussage auf endogene diurnale Periodizität zu ermöglichen, sind die Gaswechselwerte auf Bewegungsaktvität hin zu korrigieren.

Die Bewegungsaktivitäten (Stehen, Kauen) stellen Arbeitsleistungen dar, deren Energie nach klassischer Auffassung vornehmlich aus dem Kohlenhydratstoffwechsel entnommen wird. Eine Korrektur der CO_{2korr}- und O_2-Werte von „Stehen" auf „Liegen" könnte bei den Versuchstieren in erster Näherung mit dem gleichen Faktor vorgenommen werden, da der RQ für den Kohlenhydratstoffwechsel eins ist.

Der Korrekturfaktor von Stehen auf dauerndes Liegen der Tiere wurde zunächst durch Messung der CO_2-Ausscheidung und des O_2-Verbrauches mittels Trachealkanüle zu ermitteln versucht. Dabei ergeben sich die in Tabelle 7 verzeichneten Werte.

Tabelle 7. *Steigerung der CO_2-Abgabe bei verschiedenen Ernährungszuständen mit der Versuchsration*

Bezug: Liegen = 100%

	Ruhig + %	Stehen RQ	Wiederkauen + %	Wiederkauen RQ	(Fressen) + %	(Fressen) RQ	Liegen RQ
„Erhaltung"	+ 20	1,01	+ 12	0,98	—	—	1,00
Unterernährung	+ 24	0,80	—	—	+ 76	1,16	0,80
Hunger	+ 23 und mehr bei unruhigem Stehen	0,77	—	—	—	—	0,74

Für kurzfristige Messungen zur Charakterisierung bestimmter kurzzeitiger Stoffwechsellagen (Stehen, Liegen, Wiederkauen, Fressen) zeigte sich das Anschlußprinzip als gut geeignet. Langfristige Messungen (Tagesmessungen, Messungen über mehrere Stunden) waren nicht ohne Beeinträchtigung der Futteraufnahme möglich. Eine längere Eingewöhnung des Versuchstieres an den Meßvorgang ist notwendig, um eine zeitweilige Hyperventilation zu vermeiden. Bei Hyperventilation tritt eine vermehrte CO_2-Ausscheidung auf, der ein relativ geringerer O_2-Verbrauch momentan gegenüber stehen kann. Deshalb wurde das Versuchstier fortlaufend auf Atmung und Aktivitätslage durch den Versuchsansteller überwacht, um eine genaue Zuordnung der Meßwerte zu erhalten. Eine automatische Registrierung reicht hier noch nicht aus. Es wurden verschiedene Ernährungszustände untersucht.

Die Erfassung der Gasmeßwerte beim Fressen war sehr schwierig. Das Fressen war nur im Stehen möglich.

Aus Tabelle 7 ist zu entnehmen, daß eine Korrektur von CO_2- und O_2-Werten von Stehen auf dauerndes Liegen mit dem gleichen Faktor vorgenommen werden könnte, da im Erhaltungszustand, der in etwa durch die Versuchsration gegeben ist, der RQ = 1 ist.

Es wurde noch ein weiterer Weg beschritten, um einen Korrekturfaktor für die Bewegungsaktivität zu finden. Dabei wurde von der von HEIM [13] aufgezeigten Möglichkeit der Korrektur von Stehen auf dauerndes Liegen durch Berechnung der Umsatzsteigerung über die thermische Energie Gebrauch gemacht.

Im Durchschnitt aller Versuche ergab sich dabei für Stehen eine Umsatzsteigerung von 34,8% gegenüber Liegen. Ähnliche Werte liegen auch in der Literatur vor. Z.B. betrug für Schafe die Umsatzsteigerung durch Stehen gegenüber Liegen bei BENEDICT u. RITZMANN [3] + 15%, bei JUCKER [20] + 30% und bei HEIM [13] + 33,7%.

Wir entschlossen uns für „Stehen" von der aus thermischen Energie berechneten Umsatzsteigerung den Korrekturfaktor für die CO_2-Werte und O_2-Werte für Stehen auf Liegen zu berechnen und zu verwenden, obwohl er höher als die in den Anschlußversuchen gefundenen Steigerungen der CO_2-Abgabe und des O_2-Verbrauches liegt. Dabei wurde daran gedacht, daß die als Stehen mit Hilfe der Registriervorrichtung an der Respirationskammer ermittelten Zeiten, nicht nur aus einem „ruhigen Stehen" sondern auch aus anderen Bewegungsaktivitäten (Gehen, Bücken usw.) bestanden, die nicht im Einzelnen erfaßbar sind, jedoch einen höheren Energieaufwand als „ruhiges Stehen" erfordern. Dabei ist jedoch stets daran zu denken, daß es sich nur um eine Näherungskorrektur auf Bewegungsaktivität handeln kann und die Korrektur am Gesamtwert CO_2 bzw. O_2 angebracht wird, wobei es wohl richtig ist, einen RQ = 1 für den bei Stehen erhöhten Energieverbrauch anzunehmen (siehe Anschlußversuche), jedoch nicht für die unkorrigierten Basiswerte. Dieser Fehler muß jedoch in Kauf genommen werden, um die Lösung des Problems der diurnalen endogenen Periodizität nicht durch weitere Korrekturfaktoren (z. B. auf Rest-RQ) für die keine gesicherten kurzfristig erfaßbaren Grundgrößen vorhanden sind, zu belasten. An anderer Stelle soll hierauf näher eingegangen werden.

Die auf Bewegungsaktivität korrigierten CO_2- und O_2-Werte sind in Tabelle 8 angeführt.

Nach Tabelle 8 besteht kein Zweifel mehr, daß ein Tag-Nacht-Unterschied der CO_2-Produktion und des O_2-Verbrauches sowie des RQ besteht. Verfolgt man die Tag-Nacht-Differenzen und die Nacht-Tag-Differenzen, so wechseln die Vorzeichen der Prozentzahlen, die diesen Tag-Nacht-Unterschied aufzeigen.

Tabelle 8. CO_2-*Abgabe und* O_2-*Verbrauch korrigiert auf dauerndes Liegen*
(T = Tageswert, N = Nachtwert, D = Differenz in % des vorangehenden Wertes)

Versuchs-tag	CO_2	D T—N	D N—T	O_2	D T—N	D N—T	RQ	D T—N	D N—T
Hammel I									
1 T	153,72			177,56			0,851		
N	126,38	—17,8		133,31	— 25,0		0,938	+ 10,2	
2 T	144,55		+ 14,4	184,86		+ 38,7	0,753		— 19,7
N	142,71	— 1,3		163,42	— 11,6		0,855	+ 14,0	
3 T	157,54		+ 10,4	180,46	·	+ 10,4	0,860		+ 0,6
N	133,39	—15,3		144,87	— 19,7		0,905	+ 5,2	
4 T	153,72		+ 15,3	168,20		+ 16,1	0,894		— 1,2
N	161,34	+ 5,0		175,99	+ 4,6		0,905	+ 1,2	
5 T	170,55		+ 5,7	172,53		— 2,0	0,987		+ 9,1
N	155,49	— 8,8		149,42	— 13,4		1.048	+ 6,2	
6 T	156,17		+ 0,4	165,71		+ 10,9	0,934		— 10,9
N	142,24	— 8,9		147,61	— 10,9		0,957	+ 2,5	
7 T	151,34		+ 6,4	165,28		+ 12,0	0,899		— 6,0
N	139,18	— 8,0		162,91	— 1,4		0,826	— 8,1	
8 T	146,70		+ 5,4	150,29		— 7,7	0,971		+ 17,5
N	148,92	+ 1,5		163,44	8,8		0,895	— 7,8	
Hammel II									
1 T	152,59			206,44			0,721		
N	162,30	+ 6,4		177,11	— 4,2		0,910	+ 26,2	
2 T	151,14		— 6,9	197,07		+ 11,3	0,749		— 17,7
N	147,34	— 2,5		154,58	— 21,6		0,949	+ 26,7	
3 T	157,87		+ 7,1	150,26		— 2,8	1,056		+ 11,3
N	156,80	— 0,7		149,11	— 0,8		1,056	+ 0,0	
4 T	157,90		+ 0,7	172,41		+ 15,6	0,909		— 13,9
N	150,71	— 4,6		174,44	+ 1,2		0,853	— 6,1	
5 T	151,24		+ 0,4	159,12		— 8,8	0,946		+ 10,9
N	155,84	+ 3,0		154,67	— 2,8		1,008	+ 6,6	
6 T	153,22		— 1,7	157,32		+ 1,7	0,971		— 3,7
N	154,77	+ 1,0		176,55	+ 12,2		0,868	— 10,6	
7 T	161,43		+ 4,3	177,63		+ 0,6	0,902		+ 3,9
N	152,81	— 5,3		164,73	— 7,3		0,921	+ 2,1	
8 T	155,12		+ 1,5	184,74		+ 12,2	0,829		— 10,0
N	152,11	— 1,9		171,94	— 6,9		0,878	+ 5,9	

Wie vermutet wurde und aus anderen Untersuchungen bekannt ist, ist diese diurnale Tag-Nacht-Periodizität durch eine Periodizität mit längeren Intervallen als drei Tagen in vorliegenden Versuchen überlagert. Diese Überlagerung macht es schwierig, aus den vorliegenden Daten einen Durchschnittswert für einen diurnalen endogenen Tag-Nacht-Unterschied zu bilden.

Außerdem ist bekannt, daß bei Tieren die Phasenlänge einer Rhythmik und ihre Einpassung in die Tageslänge in den allermeisten Fällen für 24 Stunden nicht symmetrisch eingeht. Es wird über Periodenlängen von 23 bis 25 Stunden berichtet [5], die also außerhalb der üblichen Zeiteinheit von 24 Stunden = ein Tag liegen.

In Tabelle 8 wurde der respiratorische Quotient (RQ) so gebildet, daß die Differenz (auf Gärgase korrigierte CO_2 minus auf Liegen korrigierte CO_2) von den auf Liegen korrigierten CO_2-Werten abgezogen wurde. Dieses Vorgehen berücksichtigt am besten die schon gefundene Tatsache, daß eine erhöhte Bewegungsaktivität durch „Stehen" einen RQ = 1 (Kohlenhydratstoffwechsel) hat. Die Korrektur wurde vom CO_2-Wert her vorgenommen, weil dieser Wert den geringsten zusammengesetzten systematischen Fehler aufweist.

Ein systematischer Fehler, der das Ergebnis der Tag- und Nacht-Unterschiede in Frage stellen könnte, liegt nach der statistischen Berechnung nicht vor. Der zusammengesetzte systematische Fehler für das von Gärgasen befreite CO_2 beträgt ± 0,35%. Der systematische Fehler für O_2 beträgt ± 0,77% und für den RQ ± 0,845%. In nahezu allen untersuchten Fällen ergibt sich klar die Signifikanz der Tag- und Nacht-Unterschiede für die angegebenen Meßwerte.

Der Aussagewert des RQ für die Beurteilung des Energiewechsels ist oft angezweifelt worden (BRODY [4]).

Man wird beachten müssen, daß im Körper neben den Verbrennungen auch noch Umwandlungen der Nährstoffe ineinander stattfinden, wobei der RQ sogar außerhalb normaler Grenzwerte liegen kann. RQ-Werte über 1 werden auf die Synthese von sauerstoffarmen Körperfett aus sauerstoffreichen Kohlenhydraten zurückgeführt. Dabei wird intermediär O_2 frei und zur Verbrennung anderer Stoffe verwendet. Mit der Atmung braucht also weniger O_2 aufgenommen werden. Ein niedriger RQ kann auch aus einer unzureichenden Oxydation (Entstehung von Zucker aus Fett, Protein oder anderen Substanzen) resultieren.

Die in dieser Studie angeführte und von HENNEBERG zuerst aufgezeigte Tag-Nacht-Rhythmik der O_2-, CO_2- und RQ-Werte beruht sicher auf einer unterschiedlichen Stoffwechsellage zwischen Tag- und Nacht-Abschnitt, ist also endogen bedingt. Dies ist um so mehr gegeben, als die Außenfaktoren konstant gehalten wurden, was in der von HENNEBERG errichteten Respirationskammer nicht möglich war.

Inwieweit Kippschwingungen als Ausdruck der endogenen Rhythmik zur Erklärung herangezogen werden können, bleibt zunächst wegen methodischer Schwierigkeiten noch dahingestellt. Es ergibt sich immer wieder die Notwendigkeit, alle Faktoren, die eine Periodizität auslösen, zu differenzieren, da die Frage, ob derartige Rhythmen genetisch festgelegt sind oder Modifikationen darstellen, von großer Wichtigkeit für alle Stoffwechselmessungen ist.

Es ist bekannt, daß beim Menschen durch Umstellung von Tag- auf Nachtarbeit eine Dysrhythmie im Stoffwechsel eintritt. Diese ist während einer längeren Eingewöhnungszeit voll kompensierbar. Dysrhythmie kann aber bei Versuchen, denen keine lange Eingewöhnungszeit voranging, eine endogene Periodizität verfälschen, deren genetisch festgelegtes Ausmaß durch Außenfaktoren (Tag-Nacht-Umstellung) völlig modifiziert wird. Es wurde deshalb bei den vorliegenden Untersuchungen besonderer Wert auf die Ausscheidung von veränderlichen Haltungsfaktoren und lange Eingewöhnungszeit gelegt. Unmotivierte Bewegung ist jedoch nicht auszuschalten und kann Fehler verursachen.

Wir dürfen also sicher annehmen, daß die aufgezeigten Rhythmen genetisch bedingt sind. Endogene Periodizität wurde schon von ASCHOFF [1] bei Mäusen, die mehrere Generationen ohne Tag/Nachtwechsel gehalten wurden, aufgezeigt. Das Ergebnis dieser Studie wird durch die unterschiedliche aber gleichförmige Bewegungsrhythmik der beiden Versuchstiere unterstützt.

Die vorliegende Studie verfolgte den Zweck, eine von HENNEBERG vor ca. 90 Jahren an gleicher Stelle bearbeitete Frage über diurnale Periodizität beim Schaf mit modernen Hilfsmitteln erneut zu untersuchen und diese Hilfsmittel dabei zu erproben.

Die vorliegende Arbeit soll und kann nur einen Beitrag zum Erkennen der Notwendigkeit von Modellversuchen über endogene Periodizität liefern. Den Aussagewert solcher Untersuchungen nur auf den korrigierten RQ zu beschränken, wurde nicht angestrebt, blieb aber als Ergebnis der Anwendbarkeit gegebener Methodik. Man sollte den Energiewechselbestimmungen mit Hilfe des Gaswechsels in späteren Untersuchungen unbedingt zellbiochemische Untersuchungen beiordnen, um die erkannte endogene Tagesrhythmik auch durch andere, insbesondere stoffliche Werte zu sichern.

Zusammenfassung

Eine Studie über den Tag-Nacht-Rhythmus des Gaswechsels von Schafen, die vor mehr als 90 Jahren von HENNEBERG erstmalig betrieben wurde, wurde mit Hilfe einer mit geringem systematischem Bestimmungsfehler arbeitenden, an historischer Stelle errichteten Respirationsanlage wiederholt. Dabei wurden auf Grund neuerer apparativer Entwicklungen konstante Umgebungsverhältnisse für die Versuchstiere geschaffen.

An Hand von Gaswechselmessungen in der Respirationskammer wird ein Unterschied des O_2-Verbrauches und der CO_2-Produktion zwischen gleich langen Tag- und Nachtperioden nachgewiesen. Nach Korrektur von RQ-Werten auf Gärgase und Bewegungsaktivität blieb eine im Gaswechsel aufgezeigte diurnale Periodizität nachweisbar.

Die Ursachen der Periodizität werden diskutiert und eine erbliche Prägung der Tagesrhythmik angenommen.

Literaturverzeichnis

1 ASCHOFF, J.: Arch. Ges. Physiol. **262**, 51 (1955).

2 BACQ, Z. M.: Ann. de Physiol. **5**, 477 (1927).

3 BENEDICT, F. G. u. G. E. RITZMANN, Arch. f. Tierernähr. u. Tierz. **1**, 88 (1931).

4 BRODY, S.: Bioenergetics and Growths, New York 1945.

5 BRÜNNING, E.: Die physiologische Uhr, Berlin-Göttingen-Heidelberg 1958.

6 COLUMBUS, A., STRUSS, F. u. M. ZAUSCH: Arch. f. Tierernähr. **6**, 178 (1956).

7 DAHM, K.: Biochem. Z. **28**, 456 (1910).

8 EDER, H.: Vortrag: 11. Tg. der Ges. f. Ernährungsphys. d. Haustiere, Gießen 1959.

9 GROEBBELS: .Z. Biol. **70**, 477 (1920).

10 HAGEMANN, O.: Arch. f. Anatom. Physiol. Abt. Suppl. Bd. 111 (1899).

11 HALDANE, J. S.: Methods of Air Analysis, 3rd Ed. London 1920.

12 HENNEBERG, W.: Neue Beiträge zur Begründung einer rationellen Fütterung der Wiederkäuer, Göttingen 1870.

13 HEIM, G.: Die stofflich und energetische Wirkung einer Eiweißzulage sowie einer Zulage, bestehend aus Stärke, Fett und Eiweiß beim ausgewachsenen Schaf. Diss. Zürich 1956.

14 HERZOG, D.: Wiss. Arch. Landw. Abt. B. **3**, 601 (1930).

15 HOHLS, H. W.: Arch. f. Geflügelkd. **18**, 144 (1954).

16 HOHLS, H. W.: Vortrag: 10. Tg. der Ges. f. Ernährungsphys. d. Haustiere 1958.

17 HÖRNICKE, H.: Arch. f. Tierernähr. **6**, 253 (1956).

18 HÖRNICKE, H.: Ztschr. f. Tierphys. Tierernähr. u. Futtermittelkd. **13**, 74 (1958).

19 HÖRNICKE, H.: Pflügers Arch. f. Ges. Physiol. **266**, 53 (1957/58).

20 JUCKER, H.: Die Wirkung reiner Kartoffelstärke auf den Fettgehalt beim ausgewachsenen Schaf. Diss. Zürich 1948.

21 LENKEIT, W. u. M. BECKER: Praktikum der Ernährungsphyisologie der Haustiere, Göttingen 1949.

22 NOYONS, A. K.: Arch. Neerland. Physiol. **7**, 488 (1932).

23 PÄCHTNER, J.: Respiratorische Stoffwechselforschung und ihre Bedeutung für die Nutztierhaltung und Tierheilkunde, Diss. Berlin 1909.

24 STEUBER, M. in MANGOLD, E.: Handbuch der Ernährung u. d. Stoffwechsels der landwirtschaftlichen Nutztiere, IV, 135 (Berlin 1931).

25 TOMME, l. c. 3.

Eingegangen am 31. 8. 1960

Aus dem Institut für Tierernährung der Martin-Luther-Universität Halle-Wittenberg
(Direktor: Prof. Dr. A. COLUMBUS †)

L. BEIN

N-Bilanz- und Gesamtstoffwechselversuche an wachsenden Albinoratten

Einleitung:

Zweck der Respirations-Versuche an wachsenden Labortieren

Die klassischen Versuche KELLNER's zur Bewertung der Futtermittel basierten auf der Messung des Fettproduktionsvermögens ausgewachsener Ochsen nach dem Differenzverfahren. Dabei ergab sich eine lineare Beziehung zwischen Zulage an umsetzbarer Energie und Ansatz, d. h. der Quotient:

$$\frac{\text{Ansatz in Kalorien}}{\text{Zulage an umsetzb. Kalorien}}$$

war, gleiche Futterzusammensetzung vorausgesetzt, bei verschieden hohen Zulagen konstant ([22] S. 115).

Auch nach MØLLGAARD ([30] S. 53) und RUBNER ([35] S. 452) besteht bei Fettmast Verwertungskonstanz.

NEHRING und Mitarbeiter ([32] S. 132) beschreiben entsprechende Versuche an ausgewachsenen Ratten und Kaninchen, bei denen die Quotienten aus Ansatz und Zulage innerhalb der Versuchsgrenzen konstant blieben.

Anhand des Literaturüberblickes von NEHRING und Mitarbeitern ([32] S. 86) zu diesem Problem darf wohl generalisierend festgestellt werden, daß Fettmastversuche an ausgewachsenen Tieren eine Verwertungsunabhängigkeit von der Höhe der Zufuhr umsetzbarer Energie ergaben.

Demgegenüber fanden BRODY ([2] S. 85) und SCHOCH ([37] S. 427) an wachsenden Ratten swie HOHLS ([16, 17]) an wachsenden Hühnern eine Abhängigkeit der Verwertung umsetzbarer Energie von der Höhe der Zufuhr. Der Anteil der Netto-Energie an der umsetzbaren Energie nahm mit steigender Zufuhr der letzteren allmählich ab.

Da jedoch die nettoenergetische Futterwertbestimmung, d. h. der „Stärkewert" nach KELLNER, die Verwertungsunabhängigkeit der umsetzbaren Energie von der Höhe der Zufuhr voraussetzt, müßte vorerst untersucht werden, ob diese geforderte Prämisse auch bei wachsenden Tieren gegeben ist.

Im Hinblick hierauf sollte es Ziel der vorliegenden Untersuchungen sein, Beiträge zur Klärung des Gesamtstoffwechsels wachsender Ratten in dieser Richtung zu liefern und Unterlagen für fortzuführende Untersuchungen an wachsenden, größeren Tieren zu sammeln.

Außerdem sollte in begrifflicher Anlehnung an den NEB nach COLUMBUS ([4] S. 70) der Energieerhaltungsbedarf wachsender Ratten bei annäherndem N-Gleichgewicht ermittelt werden. Auch bezüglich der Zusammensetzung des Ansatzes in Abhängigkeit vom Lebendgewicht bzw. Alter sollten einige Hinweise erarbeitet werden.

Das Experimentieren an Laboratorien erweist sich für Fragen grundsätzlicher oder methodischer Art als vorteilhaft, weil mit einem vergleichsweise geringen Aufwand Resultate erzielt und diese in genügenden Wiederholungen soweit erhärtet werden können, daß über eine fehlerstatistische Auswertung verallgemeinernde Aussagen ermöglicht werden.

Versuchsmaterial und Versuchsmethodik

Für alle Versuche wurden männliche Albinoratten im Gewicht zwischen 60 und 200 g, d. h. im Wachstumsalter, verwendet, die der institutseigenen Zucht entnommen wurden. Da der Stamm seit mehreren Jahren ingezüchtet ist, darf angenommen werden, daß Wachstum, Stoffwechsel und Reaktionsempfindlichkeit der Ratten ausgeglichen und die an den verschiedenen Versuchsbedingungen unterworfenen Tieren gewonnenen Ergebnisse miteinander vergleichbar sind.

Die Versuchsraumtemperatur konnte über Relaissteuerung auf 22,5 °C konstant gehalten werden. Bei dieser Temperatur war die Indifferenzzone der Ratten, die bei 29–31 °C liegt ([12, 15] S. 97, [38] S. 196), nicht erreicht.

22,5 °C Umgebungstemperatur wurde deshalb gewählt, weil in diesem Bereich auch bei den meisten Stoffwechselversuchen gearbeitet wird, d. h. der Vergleichbarkeit und Anwendbarkeit der Ergebnisse halber, zum anderen, da die Ratten bei solchen Temperaturbedingungen noch optimale Freßlust zeigen, die bei steigender Temperatur ständig sehr schnell abnimmt, wie einige Testversuche zeigten.

Die Fütterung erfolgte einmal täglich zur bestimmten Zeit, Wasser konnten die Tiere nach Belieben aufnehmen.

Das N-freie Grundfutter wurde für die gesamte Versuchszeit hergestellt und im Kühlschrank bei plus 2 °C in Präparatengläsern aufbewahrt.

Dies hatte den Vorteil, daß Kaloriengehalt und C-Anteil des Futters nur einmal bei vorher bestimmtem Trockensubstanz-Gehalt festgestellt zu werden brauchten. Die erhaltenen Werte wurden auf 100% Trockensubstanz-Gehalt umgerechnet, so daß während der Versuchszeit lediglich der Trockensubstanzgehalt in Abständen von 20 Tagen bestimmt werden mußte.

Das N-freie Grundfutter setzte sich, alle Werte auf Trockensubstanz bezogen, zusammen aus:

81% Stärke, 8% Zucker, 4% Fett, 4% Zellstoff, 3% Mineralstoffmischung.

Als Mineralstoffmischung kam die von ZAUSCH ([42] S. 156) beschriebene Mischung „M 26“ zur Verwendung.

Außerdem erfolgte eine ausreichende Vitaminisierung der Versuchsdiät, entsprechend den von GEBHARDT ([8] S. 138) aufgestellten Normen.

Zur Herstellung des N-freien Grundfutters für die Versuche zur Feststellung des Energieerhaltungsbedarfes wurde unter dem Namen „Rubaquell" im Handel befindliche, industriell aufgeschlossene Kartoffelstärke verwendet.

Für das N-freie Futter der Wachstumsversuche wurde im Autoklaven aufgeschlossene Maisstärke benutzt. Ein solches N-freies Futter ist spezifisch fast doppelt so schwer wie ersteres und wird von den Ratten auch in größeren Mengen aufgenommen.

Als Eiweißanteil wurde je nach errechneter bzw. bestimmter Bedarfsgröße im Sprühverfahren hergestellte Trockenmagermilch verwendet. Es wurde die für alle Versuche insgesamt erforderliche Menge beschafft und nach einmaliger Probenahme zur Feststellung der chemischen Nährstoffdaten im Kühlschrank aufbewahrt.

Analytik

Der Kot wurde täglich gesammelt, 24 Std. bei 55 °C getrocknet und in braunen Weithalsflaschen aufbewahrt. Der insgesamt während eines Versuches angefallene Kot wurde gesammelt, gewogen, im Mörser fein zerrieben und aliquote Teile für die Bestimmung des N-, C- und Kalorien-Gehaltes entnommen. Die N-Bestimmung erfolgt nach KJELDAHL.

Der Kaloriengehalt wurde durch direkte Verbrennung in einer kalorimetrischen Bombe unter einer reinen Sauerstoffatmosphäre bei 25 atü bestimmt.

Der C-Gehalt war über die bei der Oxydation entstehende CO_2-Menge bestimmbar. Das nach der Verbrennung in der Bombe befindliche Gas wurde nach Trocknung in konzentrierter H_2SO_4 durch 40%ige KOH geschickt, wo es als K_2CO_3 ausfiel und so quantitativ gravimetrisch bestimmt werden konnte.

Die Feststellung des Brennwertes bzw. des C-Gehaltes der Futtermittel erfolgte nach dem gleichen Verfahren.

Der täglich von jedem Versuchstier quantitativ gesammelte Harn wurde angesäuert und aliquote Teile der Tagesvolumina unter Toluolabschichtung luftdicht aufbewahrt. Auf diese Weise entstand von jedem Verschstier für die gesamte Versuchszeit ein Mischharn, der Ausgang für sämtliche Analysen war. Die N-Bestimmung erfolgte nach KJELDAHL.

Ausgangspunkt für die C- und Brennwertbestimmung war ein solches Mischharnvolumen, welches dem täglich aufgefüllten Harnvolumen entsprach. Dieses wurde im Vakuumexsikkator bei 45 °C auf 3–4 ccm eingeengt und durch wiederholtes Auftropfen auf vorher gewogene Zelluloseblöckchen mit konstantem Brenn- und C-Wert ebenfalls im Vakuum eingetrocknet.

Nach der Bestimmung des C- und Brennwertes von Blöckchen plus Harn wurden die entsprechenden Blindwerte für die Zellulose subtrahiert, die Differenz ergab den C- und Kaloriengehalt des Harnes.

Versuchskäfige

Die Haltung der Ratten während der Stoffwechselversuche, der Aufnahmeteste und der ersten Tage der Vorperiode für die Respirationsversuche erfolgte in der Stoffwechselkäfigbatterie nach COLUMBUS [5].

Für die Gesamtstoffwechselversuche kamen 6 neu konstruierte, in der institutseigenen Werkstatt angefertigte Rattenrespirationskammern zur Verwendung (s. Bild 1).

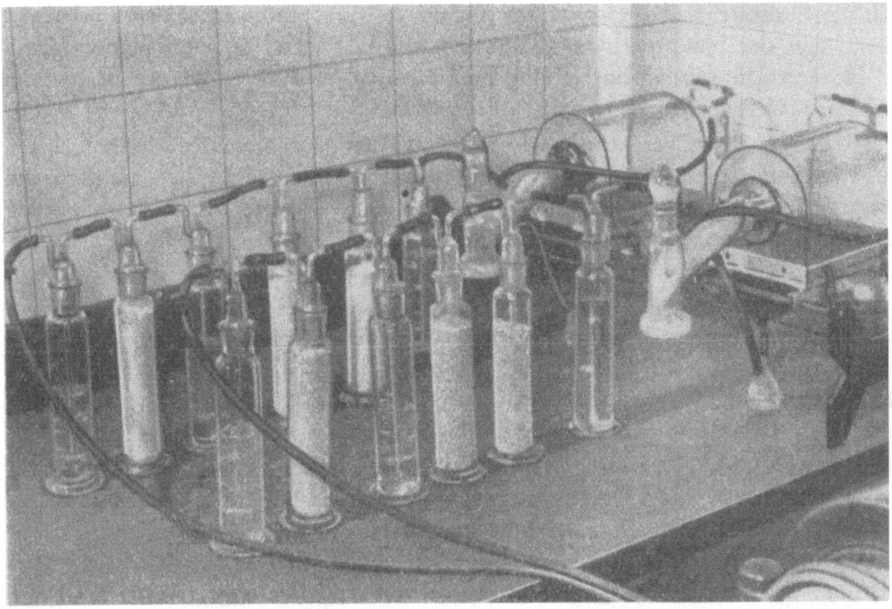

Abb. 1.

Die Respirationsversuche wurden mit einer dem System von HALDANE [13] entsprechenden Apparatur durchgeführt, wobei für die Trocknung konzentrierte H_2SO_4, als CO_2-Adsorber Natronkalk Verwendung fanden.

Im übrigen darf hinsichtlich der Versuchsanstellung nach dem Haldane-System auf die zusammenfassenden Darstellungen von SCHIEMANN, HOFFMANN und SCHMIDT ([36] S. 82) sowie DANOFF ([7] S. 47) verwiesen werden.

Das Haldane-System scheint für Gesamtstoffwechselversuche an Labortieren das Verfahren der Wahl, da der Arbeitsaufwand relativ gering ist und der gesamte Gasstoffwechsel direkt gravimetrisch erfaßt werden kann.

Vor Beginn der Versuche wurden sämtliche Käfige einer dreimaligen Eichung durch Alkoholverbrennung unterzogen. Als Mittel aller Eichversuche ergaben sich folgende Abweichungen:

für Wasser = minus 0,4% (plus 0,8 bis minus 1,5%
für CO_2 = plus 0,1% (plus 0,9 bis minus 1,0%

Es konnte angenommen werden, daß Respirationskammern und Absorptionssysteme gut in Ordnung und damit technisch die Voraussetzungen für eine hinreichende Genauigkeit der Versuchsresultate gegeben waren. Während des Versuches wurden die Kammern nach je 12 Versuchstagen auf Dichtigkeit geprüft.

Versuchsdurchführung

Jeder Versuch gliederte sich in Vor- und Hauptperiode. Als Vorperiodendauer bei den Versuchen zur Feststellung des Energieerhaltungsbedarfes wurde die Zeit von 4 Tagen gewählt, da sich in einleitenden Testversuchen ergeben hatte, daß sich der Stoffwechsel bei Unterernährung oft erst im Laufe des 4. Tages reguliert. Die Dauer der Hauptperiode dieser Versuche wurde auf 4 Tage bemessen, da bei längerer Unterernährung erhebliche Stoffwechselschwankungen besonders bei leichteren Tieren auftraten.

Bei den N-Bilanzversuchen wie auch bei den Gesamtstoffwechselversuchen im Wachstum schien es vertretbar, die Vorperiode auf 3 Tage zu verkürzen, die Hauptperiode wegen der Sicherheit der Vergleichbarkeit der Einzelwerte dagegen auf 6 Tage auszudehnen. Alle mitgeteilten Werte beziehen sich, falls nicht anders angegeben, auf 24 Std.

Bei den durchgeführten Versuchen wurden Ratten aus 2–3 Würfen so zu Versuchsreihen gruppiert, daß ihre Gewichte sich fortlaufend um etwa 5–10 g voneinander unterschieden. Die Tiere eines jeden Wurfes wurden so verteilt, daß die Fehlerquelle „Wurfunterschiede" weitgehend ausgeschaltet und eine Beeinträchtigung der Versuchsresultate nicht zu erwarten war.

Die statistische Verrechnung der erhaltenen Versuchsergebnisse wurde an Hand der von LINDER [24] dargelegten mathematischen Methoden vorgenommen. Es kamen die Verfahren der Korrelationsrechnung, der Streuungszerlegung sowie Prüfverfahren zur Ermittlung zufälliger und signfikanter Unterschiede zur Anwendung. Die benutzten Symbole und Formeln sind der angegebenen Literatur entnommen.

Einige Bemerkungen zu den Ergebnissen der Kontrollrechnung: Die Energiebilanz, Ziel eines jeden Respirationsversuches, gilt konventionell dann als gesichert, wenn die Abweichungen, bezogen auf die Kalorienzufuhr, ± 1% nicht überschreiten (s. Tabelle 1).

Da die Zufuhr als Bezugsgröße dient, erscheint es logisch, daß mit größer werdender Zufuhr die Zahl der Abweichungen über ± 1% sich verringert. Bei den Versuchen um Energiegleichgewicht genügte bereits eine nicht mehr oder zu viel erfaßte Kotabsetzung, um eine Verschiebung der Bilanz über ± 1% zu bewirken.

Im allgemeinen ist die Übereinstimmung befriedigend. Die Berechnung der Respirationsversuche erfolgte nach dem Schema von MÖLLGAARD ([24] S. 162).

Die den im folgenden angeführten Ergebnissen zugrunde liegenden Einzelwerte sind als Zahlenanhang in der dieser Publikation zugehörigen Arbeit ([1]) zugänglich.

Experimentelle Untersuchungen und ihre Ergebnisse

Zur Wahl standen zwei im Sprühverfahren hergestellte Magermilchpulver. Sie mußten auf evtl. Wertigkeitsunterschiede geprüft werden, um die Auswahl zu treffen, da eine maximale Wertigkeit deshalb besonders wichtig erschien, weil bei geringer Proteinverwertung, verbunden mit auftretender Desaminierung, eine hohe spezifisch-dynamische Wirkung zu erwarten ist, die als thermischer Energieverlust auftritt. Weil unterschiedliche thermische Energieverluste die Ergebnisse von Gesamtstoffwechselversuchen hinsichtlich der Verwertung der umsetzbaren Energie beeinflussen können, mußten sie so niedrig wie möglich gehalten werden.

Tabelle 1. *Abweichungen bei den Kontrollrechnungen der 4 Versuchsreihen in %*

knapp unter Energiegleichgewicht	knapp über Energiegleichgewicht	bei 50% der ad lib. Zul. zum Energiegleichgewicht	bei ad lib. Fütterung
— 1,93	— 0,79	+ 1,62	+ 0,83
— 0,56	+ 1,16	+ 0,69	+ 0,51
+ 0,77	— 0,70	+ 0,83	— 0,92
+ 1,21	+ 0,29	+ 0,01	+ 1,17
+ 2,28	+ 0,50	+ 0,39	— 0,05
+ 1,12	— 0,28	— 1,62	+ 0,96
— 2.42	+ 1,50	+ 0,29	— 0,84
+ 0,53	+ 0,03	+ 0,06	— 0,70
+ 0,63	— 1,26	+ 0,81	— 0,87
	— 1,56	— 0,42	— 0,91
	+ 1,17	+ 0,58	+ 0,80
	+ 0,78	— 0,96	— 0,98
	— 0,91	+ 0,58	— 0,96
	+ 0,84	+ 0,76	— 0,46
	+ 0,33	— 0,63	— 0,99
	— 1,09	+ 0,11	— 0,99
	— 2,20	— 0,22	— 0,69
	— 0,45	+ 0,62	+ 0,83
	+ 0,45	+ 1,83	— 0,45
	— 1,07	+ 0,40	+ 0,14
	— 1,12		

Nach der Auswahl des zu verwendenden Magermilchpulvers, der Austestung der Höhe der N-Gabe, um knapp über Energiegleichgewicht etwa N-Gleichgewicht zu erzielen, und der Festlegung der Kalorienzufuhr durch N-freies Futter, um eine gering positive Energiebilanz zu ermöglichen, waren die Grundlagen der Respirationsversuche gegeben.

Vor deren Besprechung noch einige Hinweise zur Versuchsdurchführung und Berechnung:

Es sollte der Anteil der Nettoenergie in der beschriebenen Futtermischung um Energiegleichgewicht bei wachsenden Ratten zwischen 70 und 200 g bestimmt werden. Dieses Ernährungsniveau wurde deshalb gewählt, weil bei wachsenden Ratten im Überernährungsbereich nach BRODY ([2] S. 85) und SCHOCH ([37] S. 427) keine lineare Beziehung zwischen Zulage und Ansatz bestehen soll. Demnach könnten Nettoenergiebestimmungen bei intensivem Wachstum nicht ohne Bedenken auf einen Bereich um das Energiegleichgewicht übertragen werden. Ein vollständiger Differenzversuch nach dem Schema:

Vorperiode – Grundfutterperiode – Vorperiode –
Zulageperiode – Vorperiode – Grundfutterperiode ([33] S. 206),

jeweils an ein und demselben Tier durchgeführt, hätte bei einer nur 4-tägigen Dauer der einzelnen Perioden 24 Tage gedauert. Aber 24 Tage lang wachsende Ratten so füttern, daß die Energie ausreicht, um die Lebensfunktionen aufrecht zu erhalten, ohne Bedarfsdeckung für erwartete und physiologische Leistungen, würde einer Unterernährung gleichzusetzen sein. Die dann erzielten Versuchsresultate dürften unnormal und zwangsläufig nicht zu reproduzieren sein.

Da die im Wachstum befindlichen Ratten nicht länger als 8 Tage bei Unterernährung gehalten werden sollten, mußte eine andere *Methode der Netto-Energiebestimmung* um Energiegleichgewicht gefunden werden.

Der Anteil der Nettoenergie an der umsetzbaren Energie kann nach MOLLGAARD ([28] S. 104) wie folgt berechnet werden:

$$\frac{\text{Änderung der Bilanz in Kalorien}}{\text{Zulage an umsetzbaren Kalorien}} \cdot 100$$

Nach dem herkömmlichen Differenzverfahren werden Zulageperiode und Grundfutterperiode am gleichen Tier durchgeführt. Dies war aus den erwähnten Gründen nicht möglich.

Deshalb mußte der Differenzversuch in 2 Versuchsreihen getrennt werden, wobei je eine Versuchsreihe die Grundfutterperioden (knapp unterhalb des Energiegleichgewichtes), eine Versuchsreihe die Zulageperioden (knapp oberhalb des Energiegleichgewichtes) repräsentierte. Da es nicht möglich war, in den Versuchsreihen gleiche Durchschnittsgewichte von je zwei einander entsprechenden Tieren zu erzielen, wodurch ein direkter Vergleich ermöglicht worden wäre, mußten von je einer Versuchsreihe die Bilanzen in Abhängigkeit vom Gewicht korreliert werden. Nunmehr konnte an Hand der Regressionsgleichung die dem entsprechenden Gewicht der Grundfutter- bzw. Zulageperiode zugehörige Bilanz errechnet werden.

Die Differenz der Bilanz ergab sich demnach wie folgt:

1. Gefundene Bilanzen der Zulageperiode bei den einzelnen Versuchstieren
   abzüglich
   der errechneten Bilanz bei den der Zulageperiode korrespondierenden Tiergewichten der Grundfutterperiode.
2. Für die korrespondierenden Tiergewichte der Grundfutterperiode errechnete Bilanz der Zulageperiode
   abzüglich
   der gefundenen Bilanz der Grundfutterperiode bei den einzelnen Versuchstieren.

Nach 1. wurden die Differenzen der Bilanzen der Wachstumsversuche berechnet, nach 2. die der Versuchsreihen um Energiegleichgewicht.

Da der Anteil der umsetzbaren Energie an der Bruttoenergie im gesamten Bereich der verschieden hohen Zufuhr, d. h. von Unterernährung bis ad libitum, konstant blieb, auch keine Abhängigkeit vom Gewicht zeigte, sondern nur geringen individuellen Schwankungen unterworfen war (s. Tab. 2), konnte die Zulage an umsetzbarer Energie so berechnet werden, daß bei den Tieren der Versuchsreihen, von denen die gefundenen Bilanzen in die Berechnung der Differenz der Bilanzen eingehen, auch die gefundene umsetzbare Energie in die Berechnung der Zulage derselben eingeht.

Tabelle 2. *Prozent-Anteil der umsetzbaren Energie an der Brutto-Energie bei den verschiedenen Versuchsreihen*

Gesamtstoffwechselversuche							
knapp unter Energiegleichgewicht		knapp über Energiegleichgewicht		bei 50 % der Zulage zum Energiegleichgewicht		bei ad libitum Fütterung	
Gewicht g	%	Gewicht g	%	Gewicht g	%	Gewicht g	%
101,8	89,63	70,5	87,75	70,0	88,38	72,5	89,26
113,0	86,62	75,0	90,61	73,5	87,53	79,0	89,46
119,5	88,76	81,5	88,58	81,0	88,18	86,2	88,07
136,5	88,38	83,0	89,95	85,0	88,94	91,0	87,05
143,8	90,91	89,5	85,03	90,5	85,32	92,0	90,54
153,0	89,33	93,0	90,63	105,2	88,61	105,5	87,34
162,2	88,53	99,0	87,63	111,0	88,41	112,2	90,03
172,0	89,56	105,5	87,50	117,0	89,48	123,5	87,89
188,5	88,85	114,0	90,30	120,0	88,99	130,0	88,71
		117,0	87,32	125,5	89,57	131,5	89,79
		131,5	88,18	133,5	87,15	133,8	88,78
		131,5	89,82	146,0	88,68	141,0	86,60
		135,0	90,77	148,5	87,95	156,5	89,12
		144,0	88,60	163,8	88,87	166,0	88,36
		151,0	87,73	167,0	88,91	168,2	87,75
		157,0	87,03	164,0	90,02	174,0	89,46
		162,0	92,25	178,0	89,30	187,5	87,64
		173,0	86,93	180,2	88,95	190,0	88,52
		176,5	88,72	199,0	89,79	193,0	89,68
		188,5	88,94	190,5	89,29	202,0	88,94
		200,0	90,48				
∅ 88,95		∅ 88,99		∅ 88,62		∅ 88,65	

Aus den entsprechend aufgestellten Futtertabellen ließ sich die Brutto-Kalorien-Gabe/24 Std. für jedes Gewicht ablesen. Bei den Versuchsreihen, in denen die Bilanzen in Abhängigkeit vom Gewicht korreliert wurden, war der Ausgangspunkt der Berechnung der Gabe an umsetzbaren Kalorien/24 Std. für das dem entsprechenden Gewicht der Zulage- bzw. Grundfutterversuchsreihe angenommene Tier die aus den Futtertabellen ablesbare Gabe an Brutto-Kalorien/24 Std. Diese wurde mit dem durchschnittlichen Prozentwert des Anteiles der umsetzbaren Energie an der Brutto-Energie der jeweiligen Versuchsreihe multipliziert und durch 100 dividiert.

Diese beschriebene Methode, nach der sich sämtliche Netto-Energiebestimmungen durchführen ließen, lieferte ausnahmslos statistisch gesicherte Werte und machte überdies die sonst notwendige Einführung von Gewichtskorrekturen hinfällig.

Gesamtstoffwechselversuche knapp unter Energiegleichgewicht

Die untere Gewichtsbegrenzung lag bei etwa 100 g (s. Bild 2), weil bei leichteren Tieren während einer 8 Tage dauernden Unterernährung unphysiologische Stoffwechselreaktionen zu erwarten waren, die eine Vergleichbarkeit der Ergebnisse in Frage stellen mußten, wie einige vorhergehende Testversuche zeigten. Die Bruttokalorien-Gabe dieser Versuchsreihe betrug 70% derjenigen knapp über Energiegleichgewicht. Es wurden jeweils 70% der Trockensubstanz des Magermilchpulvers sowie des N-freien Futters verabreicht, um so eine vergleichsweise gleiche Futterzusammensetzung der Futtermischung in beiden Versuchsreihen zu gewährleisten. Auf der Abszisse sind, wie in allen folgenden entsprechenden Diagrammen, die Durchschnittsgewichte, auf der Ordinate die Durchschnittsgabe an Brutto- bzw. umsetzbaren Kalorien, sowie die Bilanz/24 Std. aufgetragen.

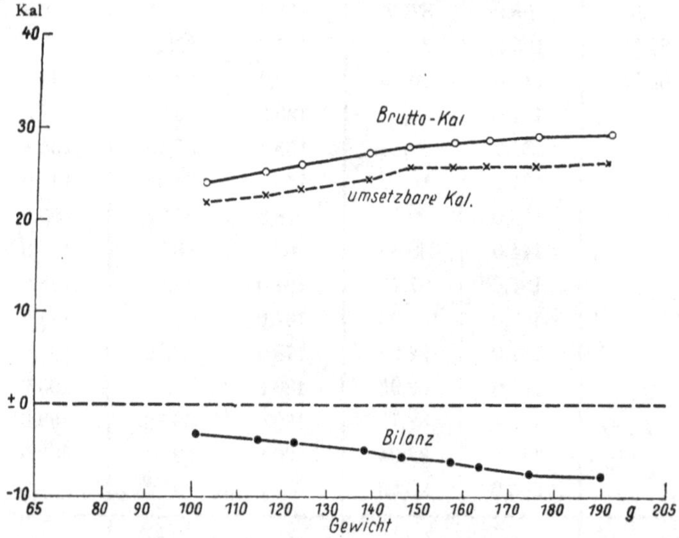

Abb. 2. Gesamtstoffwechselversuche knapp unter Energiegleichgewicht

Die negative Bilanz wird mit steigendem Tiergewicht größer, im Verhältnis zur Kalorien-Gabe bleibt sie etwa gleich.

Gesamtstoffwechselversuche knapp über Energiegleichgewicht

Aus dem Bild 3 ergibt sich, daß die Versuche knapp über Energiegleichgewicht durchgeführt wurden. Die Abhängigkeit der Bilanzen wurde im Gewichtsbereich der Grundfutterperiode, d. h. zwischen 100 und 190 g, einer statistischen Auswertung unterzogen, wobei sich eine gesicherte Funktion errechnen ließ.

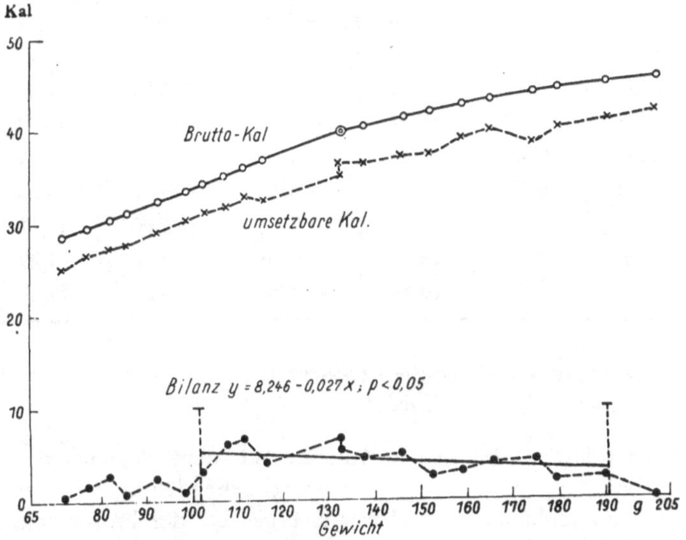

Abb. 3. Gesamtstoffwechselversuche knapp über Energiegleichgewicht

An Hand der nach beiden Versuchsreihen vorliegenden Werte konnte die Berechnung der Netto-Energie in Prozent der umsetzbaren Energie der betreffenden Futtermischung um Energiegleichgewicht nach dem S. 49–52 erläuterten Rechengang erfolgen (s. Tab. 3).

Die errechnete Differenz der Bilanzen wird ins Verhältnis gesetzt zu der Zulage an umsetzbarer Energie und ergibt nach Multiplikation mit 100 die Prozent-Nettoenergie der umsetzbaren Energie der verwendeten Futtermischung.

Der sehr enge Schwankungsbereich und die offensichtliche Gewichtsunabhängigkeit berechtigen zu einer weiteren Verwendung des Mittelwertes.

Nunmehr kann der Netto-Kalorienbedarf für die Lebenderhaltung wachsender Ratten bei annäherndem N-Gleichgewicht um 22,5 °C berechnet werden.

Dieser Energiebedarf soll als

„Netto-Kalorienbedarf für die Lebenderhaltung“

bezeichnet werden. Darunter soll der Verbrauch für die notwendige Wärmebildung, die Bewegung, den Verdauungsanteil und die Energie für den nötigen Proteinumsatz zu verstehen sein.

Tabelle 3. *Berechnung der Netto-Energie in % der umsetzbaren Energie um Energiegleichgewicht*

Gewicht in g	Gefundene umsetzbare Kalorien in Grundfutterperiode	Erreehnete umsetzbare Kalorien in Zulageperiode	Zulage an umsetzbaren Kalorien	Gefundene Bilanz in Grundfutterperiode	Errechnete Bilanz in Zulage-Periode nach Formel 8,246–0,027 × Gewicht in g	Differenz der Bilanz	% Netto – Energie in der umsetzbaren Energie
101,75	22.29	31,89	9,60	— 3,55	+ 5,49	9,04	94,17
113.00	22,81	32,60	6,79	— 4,01	+ 5,18	9,19	93,87
119,50	24,07	34,42	10,35	— 4,24	+ 5,01	9,25	89,37
136,50	25,76	36,83	11,07	— 5,57	+ 4,55	10,12	91,42
143,75	26,91	38,46	11,55	— 6,16	+ 4,35	10,51	91,00
153,00	27,12	38,74	11,62	— 6,46	+ 4,10	10,56	90,88
162,25	27,45	39,21	11,76	— 7,15	+ 3,86	11,01	93,62
172,00	28,29	40,42	12,13	— 7,69	+ 3,58	11,27	97,91
182,75	28,51	40,85	12,34	— 7,84	+ 3,21	11,05	89,55

Zu dieser Berechnung wurden die beobachteten Werte der 21 Tiere der Zulageversuchsreihe herangezogen (s. Tab. 4).

Durch Multiplikation der Brutto-Kalorien mit dem Prozentsatz der umsetzbaren Energie in der Brutto-Energie und anschließender Division durch 100 errechnete sich die Zufuhr an umsetzbarer Energie. Da der Prozentsatz der Netto-Energie an der umsetzbaren Energie um Energiegleichgewicht unabhängig vom Gewicht eine Konstante ist, errechnete sich die Gabe an Netto-Kalorien wie folgt:

$$\frac{\text{umsetzbare Kalorien x\% Netto-Energie i. d. umsetzbaren Energie}}{100}$$

Da die Bilanz in jedem Falle Netto-Energie repräsentiert, muß sie von der Netto-Energiegabe substrahiert werden, um den Netto-Energiebedarf für die Lebenderhaltung zu ermitteln. Der Netto-Kalorienbedarf für Lebenderhaltung wurde in Abhängigkeit vom Gewicht fehlerstatistisch ausgewertet und kann durch folgende Gleichung angegeben werden:

$$2{,}5645 \times \text{Gewicht in g}^{0{,}49702} \quad \text{(s. Bild 4)}$$

Gesamtstoffwechselversuche bei Wachstum

Dazu waren vorher einige Fragen experimentell zu klären. Einleitend wurden Teste zur Feststellung des Trockensubstanz-Aufnahmevermögens von einer Futtermischung, bestehend aus 65% N-freiem Futter und 35% Magermilchpulver, durchgeführt.

Tabelle 4. *Netto-Kalorien-Bedarf für Erhaltung bei 22,5 °C*
(Berechnet aus den Energiebilanzwerten des Vorversuches) [1])

Gewicht in g	Brutto-Kalorien/ 24 Std.	%umsetzb. Energie in der Brutto-Energie	Umsetzb. Kalorien/ 24 Std.	% Netto-Energie in d. umsetzb. Energie	Netto-Kalorien/ 24 Std.	± Bilanz Kalorien	Netto-Kalorien-Bedarf für Erhaltung
70,5	28,52	87,81	24,81	91,865	22,792	+ 0,395	22,397
75,0	29,42	90,61	26,67	91,865	24,500	+ 1,645	22,855
81,5	30,85	88,58	27,46	91,865	25,226	+ 3,080	22,146
83,0	31,34	89,95	28,23	91,865	25,933	+ 0,607	25,326
89,5	32,85	85,03	27,94	91,865	25,667	+ 2,683	22,984
93,0	33,64	90,63	30,50	91,865	28,019	+ 1,129	26,890
99,0	34,96	87,63	30,64	91,865	28,147	+ 3,328	24,819
105,5	36,23	87,50	31,71	91,865	29,130	+ 6,179	22,951
114,0	37,82	90,30	34,16	91,865	31,380	+ 6,493	24,887
117,0	38,33	87,32	33,48	91,865	30,756	+ 4,084	26,672
131,5	40,64	88,18	35,84	91,865	32,924	+ 6,921	26,003
131,5	40,64	89,82	36,50	91,865	33,531	+ 4,812	28,719
135,0	41,11	90,77	37,32	91,865	34,284	+ 4,690	29,594
144,0	42,32	88,60	37,50	91,865	34,449	+ 4,956	29,493
151,0	43,14	87,73	37,86	91,865	34,780	+ 2,510	32,270
157,0	43,82	91,03	39,90	91,865	36,654	+ 3,374	33,280
162,0	44,28	92,25	40,86	91,865	37,536	+ 4,422	33,114
173,0	45,20	86,93	39,31	91,865	36,663	+ 4,543	32,120
176,5	45,44	88,72	40,33	91,865	37,049	+ 2,607	34,443
188,5	46,09	88,04	41,00	91,865	37,665	+ 2,729	34,936
200,0	46,47	90,48	42,06	91,865	38,638	+ 0,218	38,420

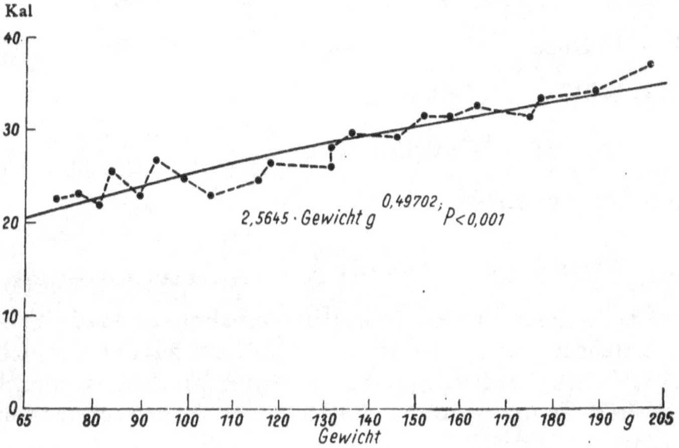

Abb. 4. Erhaltungsbedarf wachsender Ratten in Netto-Kal. bei 22,5 °C

Die angegebene Gleichung (s. Bild 5) hat nur Gültigkeit für die beschriebene Versuchskost, was sich bei einer Gegenüberstellung zu der von GEBHARDT ([9] S. 79) aufgestellten Gleichung zeigt.

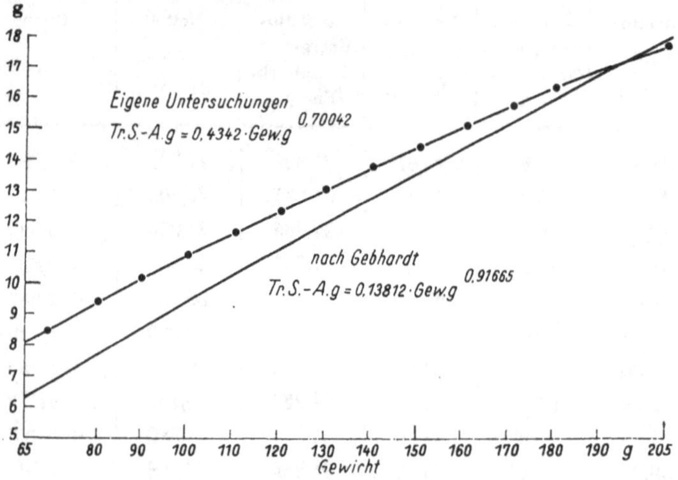

Abb. 5. Trockensubstanzaufnahme (g) 24 Std.

Neben der Trockensubstanzaufnahme mußte für die Wachstumsversuche noch das NG [1]/NEB [2]-Verhältnis festgelegt werden. Es wurde ein solches angestrebt, bei dem sich die BW [3] bzw. der PNu [4] über den gesamten zu untersuchenden Gewichtsabschnitt, d. h. zwischen 65 und 205 g, nicht wesentlich ändern. Diese Konstanz der BW bzw. des PNu mußte deshalb sichergestellt werden, weil eine Veränderung der Proteinverwertung, verbunden mit variablen Desaminierungsvorgängen in Beziehung zur ebenfalls variablen spezifisch-dynamischen Wirkung stehen kann. Damit würde sich der Verlust an thermischer Energie ändern und einen Vergleich der Verwertung umsetzbarer Energie erschweren. Die angestrebte Konstanz der BW bzw. des PNu mußte nicht mit einer Änderung des prozentualen Proteinanteiles am Gesamtfutter, der zwischen 10,4% und 10,7% lag, erkauft werden.

1) NG = N-Gabe

2) NEB = N-Erhaltungsbedarf

3) BW = Biologische Wertigkeit % $= \dfrac{\text{NEB} + \text{N-Bilanz}}{\text{N-Aufnahme-Kot-N} + \text{DVN}^{a})} \times 100$

a) DVN = Darmverlust-N

4) PNu = Physiologischer Nutzwert % $= \dfrac{\text{NEB} + \text{N-Bilanz}}{\text{N-Aufnahme}} \times 100$

Zur Festlegung des gesuchten NG/NEB-Verhältnisses wurde eine erste Versuchsreihe, bestehend aus 25 Tieren von 5 Würfen, zusammengestellt. Es kam eine dem 5,5fachen NEB entsprechende Menge Trockenmagermilch zur Verfütterung. N-freies Futter wurde bis zur Höhe des Trockensubstanzaufnahmevermögens ergänzt (s. Bild 6).

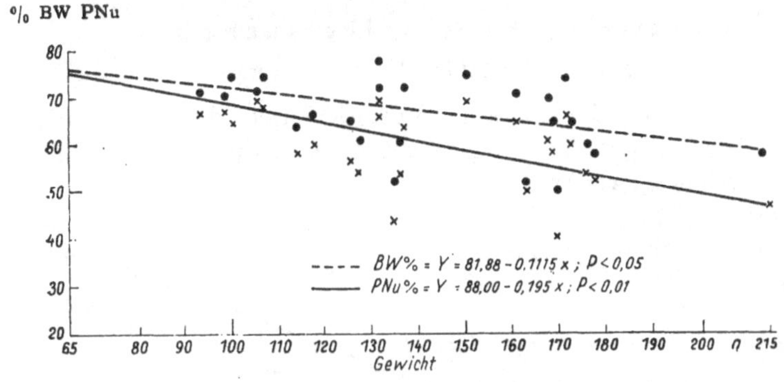

Abb. 6. BW% und PNu% von Trockenmagermilch
(5,5-facher NEB-N-frei ad Libitum)

Dabei ergab sich eine signifikante Verminderung der Proteinverwertung mit steigendem Gewicht.

Da das angestrebte Ziel nicht erreicht war, mußte eine weitere Versuchsreihe zusammengestellt werden, die ebenfalls 25 Ratten aus 5 Würfen umfaßte. Das NG/NEB-Verhältnis betrug 4/1 (s. Bild 7).

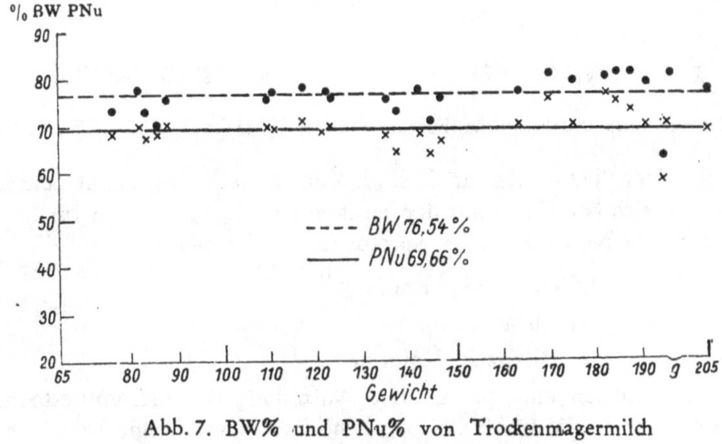

Abb. 7. BW% und PNu% von Trockenmagermilch
(4,0-facher NEB-N-frei ad Libitum)

Es ergab sich eine gewichtsunabhängige Proteinverwertung. Dies bedeutet, daß die Tiere auch im späteren Wachstumsstadium bei einer Proteinzufuhr in einer solchen Höhe das hochwertige Milcheiweiß noch optimal auszunutzen vermögen.

Bezüglich einer zusammenfassenden Darstellung der Beziehungen zwischen NG/NEB-Verhältnis und Proteinverwertung kann auf COLUMBUS ([6] S. 352) verwiesen werden.

Die Gesamtstoffwechselversuche bei intensivem Wachstum konnten auf Grund der gefundenen Ergebnisse von einer Milchproteingabe in Höhe des 4fachen NEB ausgehen.

Gesamtstoffwechselversuche bei ad-Libitum-Fütterung

In Bild 8 sind wieder die Gabe an Brutto-Kalorien, die Anzahl der davon umsetzbaren Kalorien und die Bilanzen aufgetragen, die in Abhängigkeit vom Gewicht statistisch ausgewertet wurden.

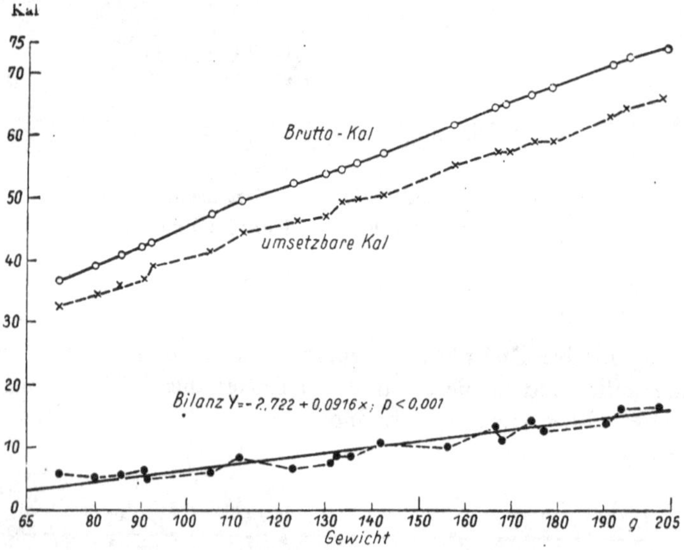

Abb. 8. Gesamtstoffwechselversuche bei ad Libitum-Fütterung (NG: NEB = 4: 1)

Die den einzelnen Tieren der ad libitum Versuchsreihe insgesamt zugeführte Nettoenergie läßt sich berechnen aus der bei dem jeweiligen Gewicht für Lebenderhaltung benötigten Nettoenergie entsprechend der Formel:

$$2{,}5645 \times \text{Gewicht in g}^{0{,}49702}$$

zuzüglich

der Bilanz in Kalorien.

Von Interesse erschien eine prozentuale Aufteilung der Gesamtnettoenergie der ad libitum Gabe in die für Erhaltung benötigte Nettoenergie bzw. den Ansatz (s. Bild 9).

Es ist ersichtlich, daß sich die Proportionalteile der für Erhaltung und Ansatz aufgewandten Energie bei steigendem Gewicht zugunsten des Ansatzes verschieben. Während eine 65 g schwere Ratte nur etwa 16% der insgesamt zugeführten Netto-Energie ansetzen kann und 84% für Lebenderhaltung benötigt, werden von einer 205 g schweren Ratte etwa 31% angesetzt und nur noch 69% für Lebenderhaltung verbraucht.

Da von der Gesamtnettoenergie selbst eines so hochwertigen Futters auf Grund des relativ hohen Erhaltungsanteiles nur ein sehr geringer Teil angesetzt werden kann, liegt die Schlußfolgerung nahe, daß wachsende Ratten für Gesamtstoffwechselversuche, bei denen Differenzen im Ansatz festgestellt werden sollen und evtl. noch Futter minderer Qualität gereicht wird, in den unteren Gewichtsstufen nur bedingt geeignet erscheinen. Anzustreben wäre ein Mindestgewicht von 120 g und eine Hauptperiodendauer von wenigstens 6 Tagen. Dabei dürfte als Regel empfohlen werden, die Hauptperiodendauer umso länger anzusetzen, je leichter die Tiere sind bzw. umso schlechter verwertbar das gereichte Futter ist.

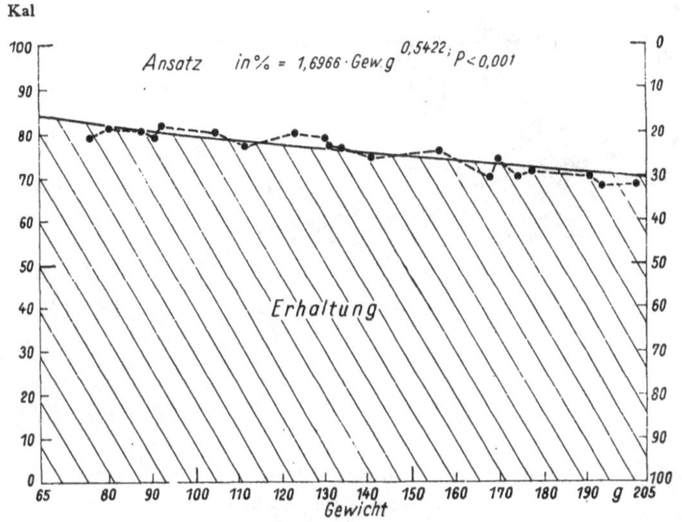

Abb. 9. Von der Gesamtnettoenergie einer ad Libitum-Gabe mit 4-fachem NEB werden zur Erhaltung benötigt bzw. angesetzt

Der Gesamtansatz soll weiterhin aufgeteilt werden in Fett- und Protein-Kalorien-Ansatz (s. Bild 10).

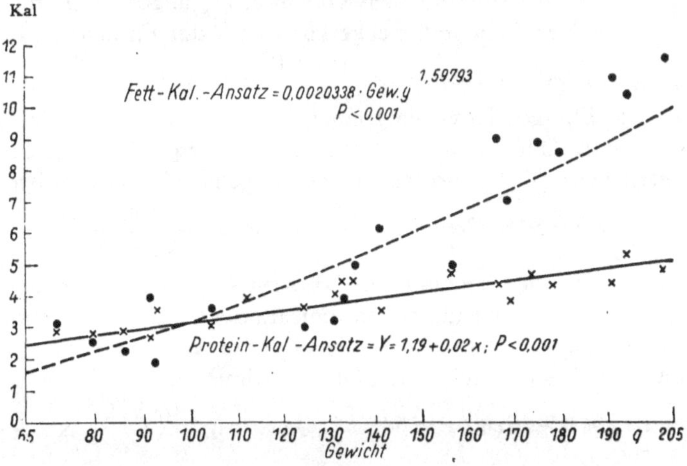

Abb. 10. Fett-Kal. bzw. Protein-Kal.-Ansatz / 24 Std.

Der Fettkalorienansatz steigt erheblich steiler an als der Proteinkalorienansatz, so daß letzterer trotz absoluten Anstiegs relativ ständig abnimmt (s. Bild 11). Während bei der verwendeten Versuchsdiät eine 65 g schwere Ratte etwa 60%

Protein-Kalorien und 40% Fett-Kalorien ansetzt, verschiebt sich das Verhältnis bei einer 205 g schweren Ratte auf 30% Protein-Kalorien und 70% Fett-Kalorien, jeweils bezogen auf den Gesamtansatz.

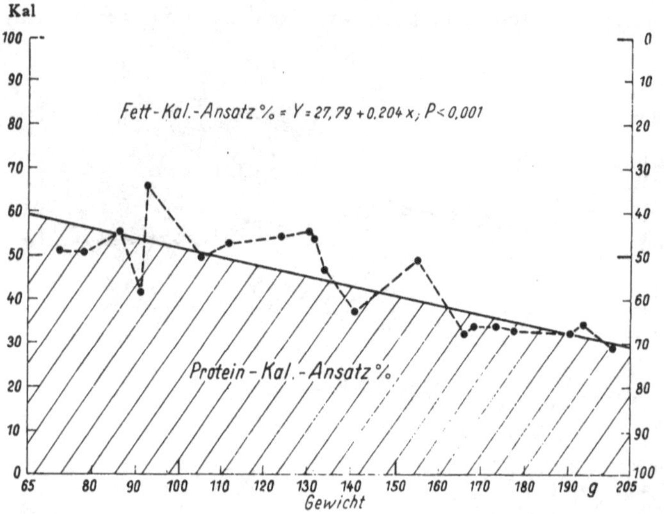

Abb. 11. Fett-Kal. bzw. Protein-Kal.-Ansatz in % des Gesamtansatzes (4-facher NEB-N-frei ad Libitum)

Weiterhin sollte der Prozentsatz der Netto-Energie an der umsetzbaren Energie in der Zulage zum Energiegleichgewicht zu ad libitum berechnet werden.

Dabei ist wie folgt verfahren worden:

Zur Bestimmung der Werte der Grundfutterperiode wurde von den für Energiegleichgewicht zu errechnenden Daten ausgegangen. Die für Energieerhaltung benötigte Netto-Kalorienmenge kann nach der Formel:

$$2{,}5645 \times \text{Gew. in g}^{\,0{,}49702} \quad \text{(s. S. 15)}$$

bestimmt werden. Die zur Erreichung einer ausgeglichenen Bilanz erforderliche Anzahl umsetzbarer Kalorien des entsprechenden Futters bei den der Zulageperiode vergleichbaren Tiergewichten ist nach folgender Formel zu berechnen:

$$2{,}5645 \times \text{Gew. in g}^{\,0{,}49702} \times \frac{100}{91{,}865}$$

91,865 stellt den im gesamten untersuchten Gewichtsbereich um Energiegleichgewicht gefundenen konstanten Prozentsatz der Netto-Energie an der umsetzbaren Energie dar (s. Tab. 3). Für die Grundfutterperiode lassen sich demnach für jede Gewichtsstufe folgende Daten bestimmen:

$$\text{umsetzbare Kalorien} = 2{,}5645 \times \text{Gew. in g}^{\,0{,}49702} \times \frac{100}{91{,}865}$$

$$\text{Bilanz} = \pm\, 0$$

Als entsprechende Werte der Zulageperiode wurden die bei den ad Libitum-Versuchen gefundenen Daten, Bilanz und Gabe an umsetzbaren Kalorien, eingesetzt.

Die Änderung der Bilanz betrug demnach:

im Zulageversuch gefundene Bilanz ± 0

Die Zulage an umsetzbarer Energie:

im Zulageversuch gefundene Anzahl umsetzbarer Kalorien abzüglich

$$2{,}5645 \times \text{Gewicht in g}^{0{,}49702} \times \frac{100}{91{,}865}$$

Der in diesem Rechengang bestimmte Anteil der Netto-Energie an der umsetzbaren Energie der Zulage von Energiegleichgewicht zu ad libitum (s. Tab. 5) wurde in Abhänigkeit vom Gewicht statistisch ausgewertet (s. Bild 15).

Tabelle 5. *Berechnung der Netto-Energie in % der umsetzbaren Energie in der Zulage zum Energiegleichgewicht zu ad libitum* [1])

Gewicht in g	Berechnete umsetzb. Kalorien in Grundfutterperiode	Gefundene umsetzb. Kalorien in Zulageperiode	Zulage an umsetzb. Kalorien	Berechnete Bilanz der Grundfutterperiode	Gefundene Bilanz der Zulageperiode	Differenz der Bilanzen	% Netto-Energie in d. umsetzb. Energie der Zulage
72,5	23,47	32,84	9,37	± 0	5,61	5,61	59,87
79,0	24,49	34,94	10,45	± 0	5,25	5,25	50,24
86,2	25,47	36,54	11,07	± 0	5,42	5,42	48,96
91,5	26,28	37,55	11,27	± 0	6,23	6,23	55,28
92,0	26,42	39,36	12,94	± 0	5,41	5,41	41,81
105,5	28,28	41,80	12,62	± 0	6,32	6,32	46,40
112,2	29,19	44,94	15,75	± 0	7,75	7,75	49,21
123,5	30,50	46,17	15,59	± 0	7,01	7,01	44,96
130,0	31,37	47,57	16,20	± 0	7,68	7,68	47,41
131,5	31,55	49,60	18,05	± 0	8,79	8,79	48,70
135,8	32,08	50,76	18,68	± 0	9,12	9,12	48,82
141,5	32,72	50,60	17,88	± 0	10,26	10,26	57,38
156,0	34,34	55,86	21,52	± 0	10,12	10,12	47,03
166,0	35,42	58,02	22,60	± 0	13,69	13,69	60,58
168,2	35,64	57,43	21,79	± 0	11,47	11,47	52,64
174,0	36,26	60,24	23,98	± 0	14,28	14,28	59,55
187,5	36,73	60,16	23,53	± 0	13,65	13,65	58,01
190,0	37,88	64,37	26,49	± 0	14,86	14,86	55,42
193,5	38,23	65,57	27,34	± 0	16,35	16,35	59,80
202,0	39,06	67,03	27,97	± 0	16,28	26,28	58,20

Auffällig ist der Anstieg des Netto-Energieanteiles an der umsetzbaren Energie mit steigendem Gewicht, obwohl der Proteinansatz zugunsten des Fettansatzes relativ abnimmt (s. Bild 11).

Ein solcher Verwertungsanstieg der umsetzbaren Energie mit anteilmäßig fallender Protein-Kaloriensynthese bei wachsenden Ratten läßt sich mit den Untersuchungen MÖLLGAARD's an Rindern nicht ganz in Einklang bringen. Nach MÖLLGAARD ist die Fettmast mit den größten Energieverlusten verbunden, bzw. benötigt im Verhältnis zu Erhaltung, Wachstum und Milchproduktion den vergleichsweise höchsten Aufwand an NKF ([29] S. 226). Allerdings wäre daran zu denken, daß der Begriff „Fettmast" von MÖLLGAARD nur auf aufgewachsene Rinder angewendet wird, zum anderen, daß die Milchproduktion kalorisch gesehen auch vorwiegend Fettproduktion darstellt.

Bei wachsenden Kleintieren scheint jedoch der Protein-Kalorien-Ansatz mit höheren Verlusten verbunden zu sein als der Fett-Kalorien-Ansatz. Demnach könnten die durch Gesamtstoffwechselversuche an wachsenden Ratten gewonnenen Ergebnisse nicht ohne weiteres auf andere, größere Tierarten übertragen werden.

Eine Erklärung für den höheren Verlust bei Protein-Kalorien-Ansatz wachsender Ratten könnte die durch einen gesteigerten Proteinstoffwechsel bedingte erhöhte spezifisch-dynamische Wirkung sein, um das Nahrungsprotein in körpereigenes Protein zu überführen ([28] S. 45; [26] S. 316; [34]).

Diese Deutung steht auch in Einklang mit den Untersuchungsergebnissen von HOHLS [16, 18, 19, 20] an wachsenden Hühnern, bei denen mit dem Ansatz von Eiweiß eine sehr hohe thermische Energie zu beobachten war. Diese hohe thermische Energie bewirkte, daß der Protein-Ansatz kalorisch gesehen von kleinerem Nutzeffekt war als der Fettansatz. Die hohe Verwertung der umsetzbaren Energie für Fettproduktion bei Ratten steht auch in Übereinstimmung mit den Ergebnissen von NEHRING und Mitarbeitern ([32] S. 132), welche bei Versuchen an ausgewachsenen Ratten eine Verwertung der umsetzbaren Energie um 80% fanden.

Durch eine solche Deutung könnte die höhere Produktivität der Fettkalorien-Synthese erklärt werden. Dabei bleibt allerdings die Frage offen, warum z. B. bei Rindern die Verhältnisse umgekehrt liegen sollten. Eine Erklärungsmöglichkeit dafür könnte die sein, daß nach den Versuchen von HOFFMANN und SCHIEMANN ([15] S. 97) Ratten thermische Energie auch im Bereich der chemischen Wärmeregulation nicht kompensieren können.

Nach COHN und GESSLER ([3] S. 397), RUBNER ([34]) sowie WACHOLDER ([40]) soll der tierische bzw. menschliche Organismus über den Mechanismus der chemischen Wärmeregulation in der Lage sein, die spezifisch-dynamische Wirkung bis zu einem gewissen Grade zu kompensieren. Würde die Ratte in dieser Hinsicht eine Sonderstellung einnehmen und ist den Rindern eine Kompensation der thermischen Energie im Bereich der chemischen Wärmeregulation möglich, würden die bei Protein-Synthese auftretenden erhöhten thermischen Energieverluste in Form der spezifisch-dynamischen Wirkung auf diese Weise verschleiert und augenscheinlich eine höhere Produktivität der Protein-Kalorien-Synthese gegenüber der Fettkalorien-Synthese vorgetäuscht werden.

Zur endgültigen Klärung dieser Frage könnten evtl. vergleichende Gesamtstoffwechselversuche im Bereich der jeder Tierart spezifischen Indifferenzzone angestellt, bzw. müßte die Kompensationsmöglichkeit der thermischen Energie bei chemischer Wärmeregulation auch bei anderen Tierarten überprüft werden.

Gesamtstoffwechselversuche bei einer Zulage zum Erhaltungsbedarf, die 50% der ad Libitum-Zulage beträgt

Zum Zwecke der Überprüfung bzw. Bestätigung der bei den ad libitum Versuchen gefundenen Verbesserung der Verwertung umsetzbarer Energie bei anteilmäßig steigender Fettsynthese wachsender Ratten wurden weitere Gesamtstoffwechselversuche durchgeführt. Verbunden damit sollte ein Beitrag zum Proportionalitätsproblem bei wachsenden Ratten geliefert werden.

Die zum Energiegleichgewicht gereichte Zulage betrug für jede Gewichtsstufe 50% derjenigen sowohl an N-freiem Futter als auch an Magermilchpulver, welche bei der ad libitum Fütterung zum Energieerhaltungsbedarf gegeben wurde. Die Konstanz der Futterzusammensetzung zog allerdings ein gering sich änderndes NG/NEB-Verhältnis nach sich, welches bei 70 g 3,4, bei 199 g 3,2 betrug. Die BW bzw. der PNu zeigten keine gesicherte Tendenz.

Bild 12 zeigt wieder einen Überblick über Kalorien-Zufuhr und Bilanzen.

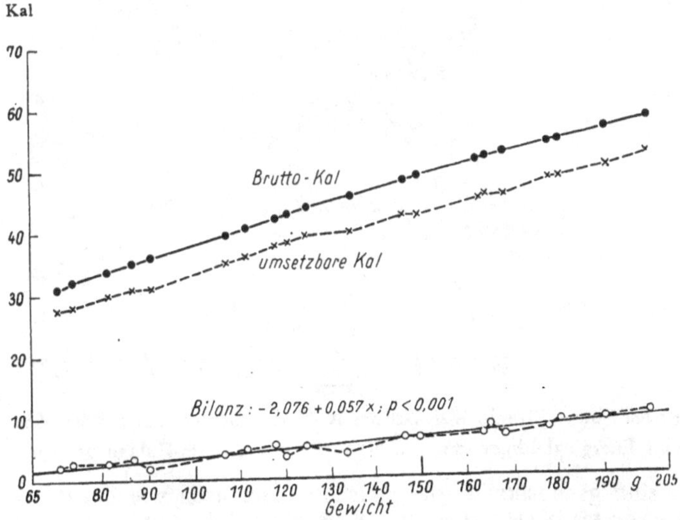

Abb. 12. Gesamtstoffwechselversuche bei einer Zulage zum Energiegleichgewicht, die 50% der ad-Lib.-Zulage beträgt

Der Gesamtansatz ist auch diesmal aufgeteilt in Protein-Kalorien-Ansatz und Fett-Kalorien-Ansatz (s. Bild 13). Letzterer steigt, analog dem der ad Libitum-Versuche, stärker an als der Protein-Ansatz.

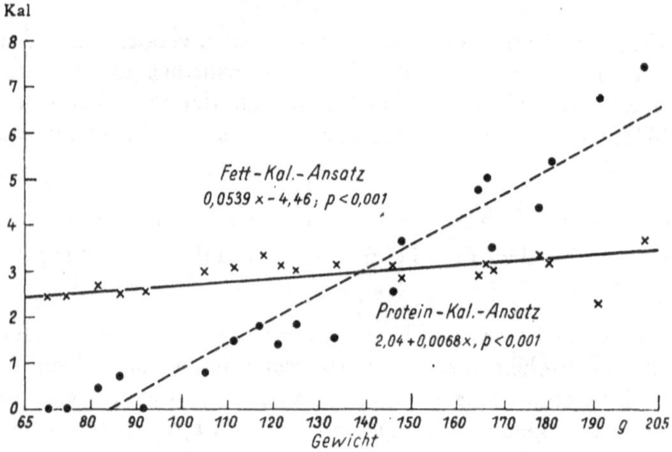

Abb. 13. Fett-Kal. bzw. Protein-Kal.-Ansatz / 24 Std. bei einer Zulage zum Energiegleichgewicht, die 50% der ad-Libitum-Zulage beträgt

Das Verhältnis von prozentualem Fett- bzw. Protein-Kalorien-Ansatz in Beziehung zum Gewicht ist in Bild 14 graphisch dargestellt.

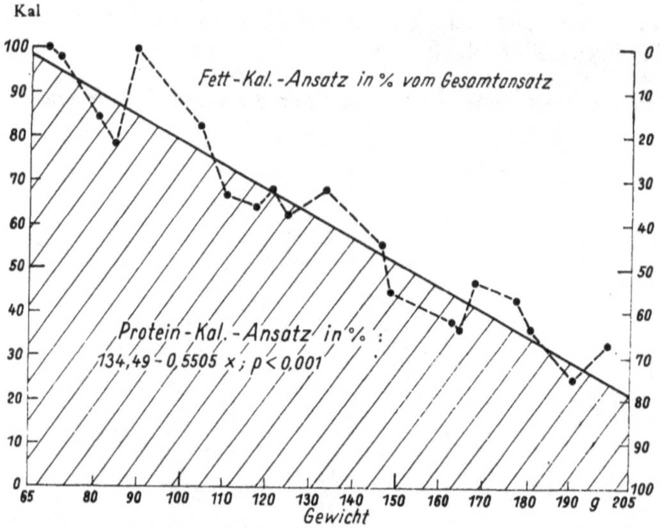

Abb. 14. Fett-Kal. bzw. Protein-Kal.-Ansatz in % des Gesamtansatzes bei einer Zulage zum Energiegleichgewicht, die 50% der ad-Libitum-Zulage beträgt

Auch hier sind grundsätzlich die gleichen Tendenzen wie bei der ad libitum Versuchsreihe ersichtlich, lediglich die absoluten Werte ändern sich entsprechend der veränderten Höhe der Zufuhr. Demzufolge sind die Ergebnisse beider Versuchsreihen hinsichtlich der Verwertung der umsetzbaren Energie vergleichbar.

Bei der fehlerstatistischen Verrechnung des prozentualen Nettoenergie-Anteiles an der umsetzbaren Energie in Abhängigkeit vom Gewicht ergab sich auch hier ein signifikanter Verwertungsanstieg der umsetzbaren Energie bei prozentual zunehmender Fettkalorien-Synthese (s. Tab. 6 und Bild 15).

Tabelle 6. *Berechnung der Netto-Energie in % der umsetzbaren Energie in einer Zulage zum Energieerhaltungsbedarf, die 50% der ad libitum Zulage beträgt*

Gewicht in g	Berechnete umsetzb. Kalorien in Grundfutterperiode	Gefundene umsetzb. Kalorien in Zulageperiode	Zulage an umsetzb. Kalorien	Berechnete Bilanz d. Grundfutterperiode	Gefundene Bilanz der Zulageperiode	Differenz der Bilanzen	%-Netto-Energie in d. umsetzb. Energie der Zulage
70,0	23,07	27,39	4,32	± 0	1,90	1,90	43,98
73,5	23,63	28,01	4,38	± 0	2,28	2,28	52,05
81,0	24,80	29,95	5,15	± 0	2,91	2,91	56,50
85,0	25,40	31,12	5,72	± 0	3,36	3,36	58,74
90,5	26,20	30,99	4,79	± 0	2,28	2,28	47,60
105,2	28,25	35,35	7,10	± 0	4,22	4,22	59,44
111,0	29,00	36,48	7,48	± 0	4,52	4,52	60,43
117,0	29,77	38,01	8,24	± 0	5,26	5,26	63,83
120,0	30,14	38,47	8,33	± 0	4,16	4,16	49,94
125,5	30,83	39,87	9,04	± 0	4,98	4,98	55,09
133,5	31,85	40,29	8,44	± 0	4,41	4,41	52,25
146,0	33,23	43,31	10,08	± 0	6,24	6,24	61,90
148,5	33,52	43,43	9,91	± 0	6,24	6,24	62,97
163,8	35,18	46,65	11,47	± 0	7,14	7,14	62,25
167,0	35,53	47,24	11,71	± 0	7,01	7,01	59,86
164,0	35,21	47,32	12,11	± 0	8,00	8,00	66,06
178,0	36,67	49,41	12,74	± 0	7,81	7,81	61,30
180,2	36,90	49,60	12,70	± 0	8,17	8,17	64,33
199,0	38,76	53,27	14,51	± 0	10,01	10,01	68,99
190,5	37,94	51,53	13,59	± 0	8,83	8,83	64,97

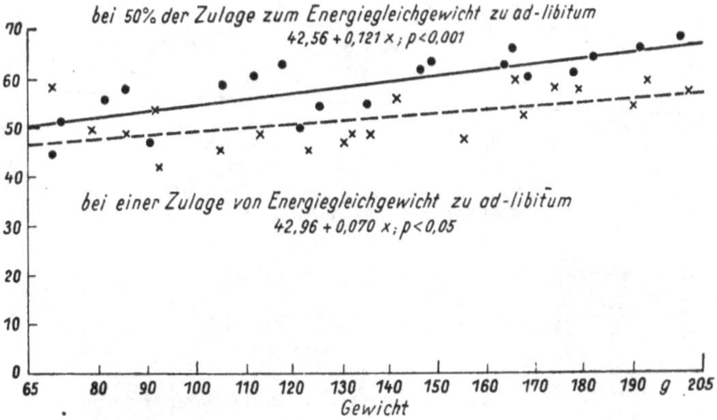

Abb. 15. Netto-Energie in % der umsetzbaren Energie

Auswertung der Versuchsergebnisse im Hinblick auf das Proportionalitätsproblem

Im Bild 15 sind die prozentualen Anteile der Netto-Energie an der umsetzbaren Energie beider Versuchsreihen bei intensivem Wachstum aufgetragen. Es kann in diesem Falle von der Gewichtsabhängigkeit abgesehen und nur die absolute Verwertungshöhe betrachtet werden. Der Unterschied in der Verwertung der beiden Zulagen wurde nach t-Test geprüft und konnte mit „p“ 0,05–0,01 gesichert werden.

Eine solche Betrachtungsweise der Proportionalitätsfrage ist jedoch deshalb nicht ganz exakt, weil so nur die Ansatzwirkungen von zwei verschieden großen Zulagen, die zu einem gleichen Ernährungsniveau, dem Energiegleichgewicht, zugelegt werden, vergleichbar sind. Ein Vergleich des Verwertungsunterschiedes der umsetzbaren Energie zweier Zulagen wird am sinnvollsten so durchgeführt, daß 2 gleich große Zulagen gleichsam übereinander in der Form gereicht werden, daß die erste Zulageperiode zugleich die Grundfutterperiode für die zweite Zulageperiode ist. Demnach würde sich folgendes Schema ergeben:

Vorperiode – Grundfutterperiode –

Vorperiode – Zulageperiode 1 (zugleich Grundfutterperiode) –

Vorperiode – Zulageperiode 2.

Danach können die vorliegenden Versuchsreihen wie folgt aufgegliedert werden (s. Bild 16):

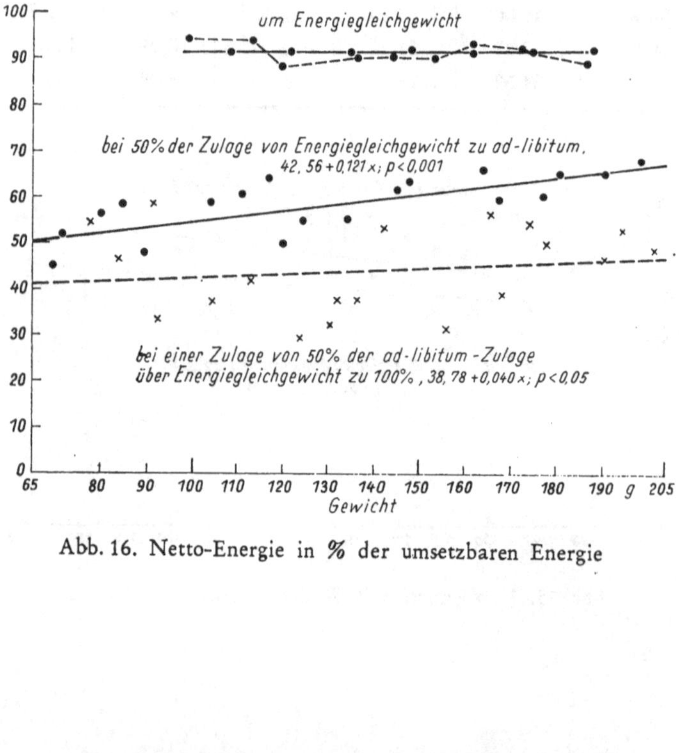

Abb. 16. Netto-Energie in % der umsetzbaren Energie

Als Grundfutterperiode gilt Energiegleichgewicht;

als Zulageperiode 1 die Versuchsreihe mit einer Zulage zum Energiegleichgewicht, die 50% der ad libitum Zulage beträgt. Sie ist zugleich Grundfutterperiode für die Zulageperiode 2;

als Zulageperiode 2 die Versuchsreihe mit einer Zulage zu 50% auf 100% der ad libitum Zulage.

Zur Bestimmung der Daten, Bilanzen und umsetzbare Kalorien der Grundfutterperiode und der Zulageperioden 1 und 2 dienten die oben beschriebenen Berechnungsverfahren.

Die Verwertungsunterschiede der beiden Zulagen 1 und 2 wurden nach t-Test geprüft, wbei sich ein „p" $< 0{,}01$ errechnen ließ.

Wird die durchschnittliche Verwertung der umsetzbaren Energie $(\overline{\gamma})$ des gleichen Futters bei verschieden hoher Zufuhr betrachtet,

a) um Energiegleichgewicht = 91,86% (s. Tab. 3)
b) Zulage 1 zum Energiegleichgewicht = 58,62% (s. Tab. 6)
c) Zulage 2 zur Zulage 1 = 44,37% (s. Tab. 7)

so wird einmal die gesicherte Verwertungsminderung deutlich, zum anderen scheint dieser Verwertungsabfall in Abhängigkeit von der Kalorienzufuhr durch einen konkaven Kurvenzug wiedergegeben werden zu können.

Werden die vorliegenden Versuche mit den Rattenversuchen von NEHRING und Mitarbeitern [32] verglichen, so muß nachdrücklich betont werden, daß es sich hier um wachsende, dort um ausgewachsene Tiere handelt.

Die in den eigenen Versuchen gefundene Abhängigkeit der Verwertung umsetzbarer Energie von der Höhe der Zufuhr kann durch Untersuchungen von BRODY ([2] S. 85) und SCHOCH ([37] S. 427), die ebenfalls an wachsenden Ratten experimentierten, gestützt werden.

Die von NEHRING und Mitarbeitern gefundene Verwertungskonstanz für Fettmast bei ausgewachsenen Ratten findet ihren Vergleich in der auch bei anderen Tierarten für Fettmast festgestellten linearen Beziehung zwischen Zulage und Ansatz.

Demzufolge scheint zumindest bei Ratten ein Unterschied in der Abhängigkeit der Verwertung zugeführter umsetzbarer Energie von der Höhe der Zufuhr zwischen wachsenden und ausgewachsenen Tieren zu bestehen.

Dies könnte evtl. und zum Teil dadurch erklärt werden, daß echtes Wachstum durch genetische Faktoren beeinflußt wird, während dies bei Fettmast ausgewachsener Tiere nicht der Fall ist ([16, 17, 18, 21] [29] S. 343; [31] S. 14).

Eine endgültige Aussage über den Kurvenverlauf der Verwertung zugeführter Energie in Abhängigkeit von der Höhe der Zufuhr bei wachsenden Tieren wird erst nach Vorliegen weiterer Gesamtstoffwechselversuche an anderen wachsenden Tieren verschiedener Arten möglich sein.

Es darf auf Grund der Versuchsergebnisse bzw. der Literaturübersicht wohl die Feststellung getroffen werden, daß beim Vergleich von Gesamtstoffwechselversuchen bezüglich des Verhältnisses von Zulage zu Ansatzwirkung nicht nur der als Ausgangspunkt gewählte Ernährungsbereich beachtet, – GHONEIM [11] sowie WIEGNER und GHONEIM [41] gingen bei ausgewachsenen Tieren vom Hungerstoffwechsel aus und fanden über den gesamten geprüften Unterernährungs- und Mastbereich eine abnehmende Verwertung –, sondern auch genau definiert werden muß, ob mit wachsenden oder ausgewachsenen Tieren experimentiert wurde.

Tabelle 7. *Berechnung der Netto-Energie in % der umsetzbaren Energie in der Zulage zu 50% der ad Libitum-Zulage über Energiegleichgewicht zu 100% der ad Libitum-Zulage*

Gewicht in g	Berechnete umsetzb. Kalorien in Zulageperiode 1	Gefundene umsetzb. Kalorien in Zulageperiode 2	Zulage an umsetzb. Kalorien	Berechnete Bilanz der Zulageper. 1 laut Formel: 2,076 + 0,057 × Gewicht in g	Gefundene Bilanz der Zulageperiode 2	Differenz der Bilanzen	%-Netto-Energie in d. umsetzb. Energie d. 2. Zulage
79,0	29,64	34,94	5,30	2,43	5,25	2,92	55,09
86,5	31,27	36,54	5,27	2,84	5,42	2,58	48,96
91,0	32,32	37,55	5,23	3,12	6,23	3,11	59,46
92,0	32,55	39,36	6,81	3,17	5,41	2,24	32,89
105,5	35,42	41,80	6,38	3,94	6,32	2,38	37,30
112,2	36,80	44,94	8,15	4,33	7,75	3,42	42,01
123,5	39,09	46,17	7,08	4,97	7,01	2,04	28,81
130,0	40,32	47,57	7,25	5,34	7,68	2,34	32,28
131,5	40,60	49,60	9,00	5,43	8,79	3,36	37,33
135,8	41,40	50,76	9,36	5,67	9,12	3,45	36,86
141,5	42,52	50,60	8,08	6,00	10,26	4,26	52,72
156,0	45,16	55,86	10,70	6,83	10,12	3,29	30,75
166,0	46,93	58,02	11,09	7,40	13,69	6,29	56,72
168,2	47,36	57,43	10,07	7,53	11,47	3,94	39,13
174,0	48,34	60,64	11,90	7,86	14,28	6,42	53,95
178,5	49,13	60,16	11,03	8,11	13,65	5,54	50,23
190,0	51,15	64,37	13,22	8,77	14,86	6,09	46,07
193,5	51,67	65,57	13,90	8,94	16,35	7,41	53,31
202,0	53,15	67,03	13,88	9,45	16,28	6,83	49,21

Zusammenfassung und Schlußfolgerungen

1. Es wurde eine Versuchs- und Verrechnungsmethode beschrieben, nach der auch in solchen Fällen Netto-Energiebestimmungen durchgeführt werden können, in denen es aus physiologischen Gründen nicht möglich erscheint, einen vollständigen Differenzversuch anzulegen.

2. Der Nettoenergiebedarf für die Lebenderhaltung wachsender Ratten bei annäherndem N-Gleichgewicht um 22,5 °C kann in Abhängigkeit vom Gewicht durch folgende Funktion ausgedrückt werden:

$$2{,}5645 \times \text{Gew. in g}^{\,0{,}49702}$$

3. Es zeigte sich, daß bei überschüssiger ternärer Kost die Verwertung einer Trockenmagermilch-N-Gabe in Höhe des 4-fachen NEB bei Ratten gewichtsunabhängig ist.

4. Von der Gesamtnettoenergie einer ad libitum Gabe hochwertigen Futters mit 4-fachem NEB setzt eine 65 g schwere Ratte etwa 16%, eine 205 g schwere Ratte dagegen 31% an, während 84% bzw. 69% für Erhaltung benötigt werden.

Der Anteil des Erhaltungsstoffwechsels am Gesamtenergiestoffwechsel sinkt erwartungsgemäß mit steigendem Gewicht.

5. Bei gleichem prozentualen Proteingehalt des Futters sinkt, bezogen auf den Gesamtansatz, trotz absoluter Erhöhung der prozentuale Proteinkalorienansatz mit steigendem Gewicht, die Fettsynthese rückt in den Vordergrund. Da der Anteil der Nettoenergie in Abhängigkeit vom Gewicht jedoch zunimmt, drängt sich die Schlußfolgerung auf, daß der Proteinkalorienansatz mit höheren Verlusten verbunden ist als der Fettkalorienansatz.

6. Die Verwertung der umsetzbaren Energie scheint bei wachsenden, im Gegensatz zu ausgewachsenen Ratten von der Höhe der Zufuhr abhängig zu sein und durch einen konkaven Kurvenzug wiedergegeben werden zu können.

7. Der Anteil der umsetzbaren Energie an der Brutto-Energie ist bei Ratten sowohl von der Höhe der Zufuhr als auch vom Gewicht unabhängig.

8. Unter Bezugnahme auf den bekannten Energieerhaltungsbedarf in Netto-Kalorien kann die Netto-Energiebestimmung von Futtermitteln ohne Durchführung von Differenzversuchen und ohne Einführung von Gewichtskorrekturen lediglich durch einfache Gesamtstoffwechselversuche durchgeführt werden. Der Prozentgehalt der Nettoenergie an der Bruttoenergie wird dabei wie folgt berechnet:

$$\frac{2{,}5645 \times \text{Gewicht in g}^{0{,}49702} + \text{Bilanz in Kalorien}}{\text{Brutto-Kalorien-Zufuhr}} \times 100$$

9. Über den bekannten Netto-Kalorien-Bedarf für Lebenderhaltung ist es durch Aufzuchtversuche, verbunden mit einer Gesamtkörperanalytik, möglich, den Anteil der Netto-Energie an der Brutto-Energie durch folgende Berechnungsweise zu ermitteln:

$$\frac{\text{S Energieerhaltungsbedarf} + \text{S Bilanz}}{\text{S Brutto-Kalorien-Zufuhr}}$$

dabei errechnet sich die Bilanz:

Kalorien-Gehalt des Tierkörpers am Ende des Versuches abzüglich

Kalorien-Gehalt des Tierkörpers am Anfang des Versuches.

Diese Berechnungsform ist bereits von COLUMBUS und GEBHARDT ([10] S. 298; [9] S. 230) zur Berechnung des „PNu-Energie", der den prozentualen Anteil der Netto-Energie an der Brutto-Energie darstellt, d. h. für eine energetische Auswertung von Aufzuchtversuchen angewandt worden.

Es wird jedoch vorgeschlagen, für den Energieerhaltungsbedarf, von COLUMBUS und GEBHARDT als „EEB" bezeichnet und in Anlehnung an BRODY [2] und MITCHELL [27] nach der Formel:

$$\frac{70{,}5 \times \text{Gewicht in kg}^{0{,}7}}{95} \times 100$$

errechnet, zu ersetzen durch den Ausdruck:

$$2{,}5645 \times \text{Gewicht in g}^{0{,}49702} \quad \text{zu ersetzen.}$$

Literaturverzeichnis

[1] BEIN, L.: „N-Bilanz- und Gesamtstoffwechselversuche an wachsenden Albinoratten". Diss. Landw. Fak. Halle 1959.

[2] BRODY, S.: „Bioenergetics and growth". Reinhold Publishing Corporation 1945 1. Auflage, S. 85.

[3] COHN, H. u. H. GESSLER: „Wärmeregulation und Eiweißumsatz". Pflügers Archiv, **207**, 397, 1925.

[4] COLUMBUS, A.: „Stickstoffgrundumsatz und Methodik der Bestimmung der biologischen Eiweißwertigkeit nach dem N-Bilanzverfahren an wachsenden Ratten". Beiheft **4**, 51, zum Archiv für Tierernährung, 1954.

[5] ders.: „Eine Stoffwechselkäfigbatterie für N-Bilanzversuche an wachsenden Ratten". Archiv f. Tierernährung, **1**, 311, 1950.

[6] ders.: „Problematik der Methoden zur Bestimmung der biologischen Eiweißwertigkeit". Wiss. Abhandlungen DAL V/2, Festschrift Möckern, II, S. 327, Akademie-Verlag Berlin, 1954.

[7] DANOFF, N.: „Einfluß der Milz auf den respiratorischen Stoffwechsel". Biochemische Zeitschrift, **93**, 47, 1919.

[8] GEBHARDT, G.: „Untersuchungen über den Einfluß einiger Vitamine auf den endogenen und exogenen Eiweißumsatz an wachsenden Albinoratten". Archiv für Tierernährung **5**, 70, 1955.

[9] ders.: „Antibiotikawirkung im Zusammenhang mit einer Hitzebehandlung von Roggen und Sojabohne nach Aufzuchtversuchen an Albinoratten". Archiv für Tierernährung, **8**, 211, 1958.

[10] GEBHARDT, G. u. A. COLUMBUS: „Einfluß von Antibiotika-Zusätzen auf die Verwertung entölter Sojabohnen vor und nach einer Hitzebehandlung". Zeitschrift für Tierernährung u. Futtermittelkunde, **12**, 259, 1957.

[11] GHONEIM, A.: „Über den Gesamtstoffwechsel bei Unterernährung und Produktionsfutter". Diss. E. T. H. Zürich, 1929, Nr. 582.

[12] GOTO, K.: „Beitrag zur Kenntnis der chemischen Wärmeregulation der Säugetiere". Biochemische Zeitschrift, **135**, 107, 1923.

[13] HALDANE, J.: „A new form of apparatus for measuring the Respiratory Exchange of animals". The Journal of Physiology 12, zit. in Biochem. Zeitschrift, **93**, 46, 1919.

[14] HOFFMANN, L.: „Zur Berechnung der Wärmeproduktion und zur Kontrolle eines Gesamtstoffwechselversuches über das Gesetz zur Erhaltung der Energie". Wiss. Abhandlungen der DAL Nr. **37**, Beiträge aus der Agrikulturchemie zu Problemen der Forschung und Praxis, Akademie-Verlag, Berlin, 1958, S. 83.

[15] HOFFMANN, L. u. R. SCHIEMANN: „Der Einfluß der Umgebungstemperatur auf den Energiestoffwechsel der Ratte". Wiss. Abhandlungen der DAL Nr. **37**, Beiträge aus der Agrikulturchemie zu Problemen der Forschung und Praxis, Akademie-Verlag, Berlin, 1958, S. 92.

[16] HOHLS, H. W.: „Maximaler Eiweißansatz, zusätzliche thermische Energie und Fettansatz bei verschiedenen Hühnerrassen, Kreuzungen und Stämmen". Archiv für Geflügelkunde, **23**, 22, 1959.

[17] ders.: „Der maximal mögliche tägliche Eiweißansatz von Leghornküken verschiedenen Alters". Archiv für Geflügelkunde, **19**, 327, 1954.

[18] ders. „Der Bewertungsmaßstab bei Mastprüfungen an wachsendem Geflügel". Zeitschrift für Tierphysiologie, Tierernährung und Futtermittelkunde, **13**, 90, 1958.

[19] ders.: „Respirationsmessungen an wachsenden und ausgewachsenen Hühnern". Zeitschrift für Tierphysiologie, Tierernährung und Futtermittelkunde, **13**, 90, 1958.

[20] ders.: „Respirationsmessungen an wachsenden und ausgewachsenen Hühnern". Zeitschrift für Tierphysiologie, Tierernährung und Futtermittelkunde, **13**, 170, 1958.

[21] ders.: „Die Berechnung des maximalen täglichen Eiweißansatzvermögens von Schweinen". Zeitschrift für Tierernährung und Futtermittelkunde, **10**, 44, 1955.

[22] KELLNER, O.: „Die Ernährung der landwirtschaftlichen Nutztiere". Parey-Verlag, Berlin, 1919, 8 Aufl.

[23] LANG, K. u. O. F. RANKE: „Stoffwechsel und Ernährung". Springer-Verlag Berlin/Göttingen/Heidelberg, 1950, 1. Auflage.

[24] LINDER, A.: „Statistische Methoden". Birkhäuser Verlag, Basel, 1951, 2. Auflage.

[25] LUSK, G.: „The Science of Nutrition". Philadelphia 1928, zit. in Zimmermann, G., „Die Wirkung der Hitzebehandlung auf den Nährwert des Eiweißes in Nahrungs- und Futtermitteln". Diss. E.T.H. Zürich, 1952, Nr. 1885, S. 95.

[26] MAGNUS-LEVY, A.: „Die Größe des respiratorischen Gaswechsels unter dem Einfluß der Nahrungsaufnahme". Pflügers Archiv, **52**, 316, 1892.

[27] MITCHELL, H. H. u. G. G. CARMAN: „The composition of the gains in weight and the utilization of food energy in growing rats". Amer. Jour. of Physiol., **76**, 398, 1926, zit. in Zimmermann, G.: „Die Wirkung der Hitzebehandlung auf den Nährwert des Eiweißes in Nahrungs- und Futtermitteln". Diss. E.T.H. Zürich, 1952, 1885, S. 95.

[28] MØLLGAARD, H.: „Fütterungslehre des Milchviehes". Schaper-Verlag, Hannover, 1929.

[29] ders.: „Grundzüge der Ernährungsphysiologie der Haustiere". Parey-Verlag, Berlin 1931.

[30] ders.: „Wissenschaftliche Grundbedingungen einer gemeinsamen europäischen Futtereinheit". Wiss. Abhandlungen der DAL V/2, Festschrift Möckern, II, Akademie-Verlag, Berlin 1954, S. 43.

[31] ders.: „Analyse des Wachstums mittels Differentialgleichungen der Partialprozesse des synthetischen Stoffwechsels". Zeitschrift für Tierernährung und Futtermittelkunde, **10**, 1, 1955.

[32] NEHRING, K., L. HOFFMANN u. R. SCHIEMANN: „Die Verwertung der Futterenergie in Abhängigkeit vom Ernährungsniveau". Archiv für Tierernährung, **9**, 85, 1959.

[33] NEHRING, K., u. R. SCHIEMANN: „Einige Bemerkungen zur Problematik des Differenzversuches". Wiss. Abhandlungen der DAL, V/2, Festschrift Möckern, II, Akademie-Verlag, Berlin 1954, S. 201.

[34] RUBNER, M.: „Die Gesetze des Energieverbrauches bei der Ernährung". F. Deuticke-Verlag, Berlin/Wien, 1902.

[35] RUBNER, M.: „Sitzungsberichte der kgl.-bayer. Akademie der Wissenschaften, math.-physik. Klasse", Bd. 15, 1885. Zit. in O. Kellner: „Die Ernährung der landwirtschaftlichen Nutztiere". Parey-Verlag, Berlin 1919, 8. Auflage, S. 115.

[36] SCHIEMANN, R., L. HOFFMANN u. M. SCHMIDT: „Über den apparativen Aufbau von Respirationsapparaten für Kleintiere". Archiv für Tierernährung, **7**, 80, 1957.

[37] SCHOCH, W.: „Gesamtstoffwechselversuche an Ratten, unter besonderer Berücksichtigung des Einflusses von Vitamin D". Biedermanns Zentralblatt, **B**, **7**, 382, 1935.

[38] STEUBER, M.: „Der Grundumsatz", in E. Mangold, „Handbuch der Ernährung und des Stoffwechsels der landwirtschaftlichen Nutztiere. Bd. IV, S. 135, Springer-Verlag, Berlin 1932.

[39] STIGLER, H.: „Der Energiewechsel", in E. Mangold, „Handbuch der Ernährung und des Stoffwechsels der landwirtschaftlichen Nutztiere. Bd. IV, S. 1, Springer-Verlag, Berlin 1932.

[40] WACHOLDER, K.: „Der Einfluß körperlicher Arbeit auf die spezifisch-dynamische Stoffwechselsteigerung". Pflügers Archiv, **251**, 485, 1949.

[41] WIEGNER, G. u. A. GHONEIM: „Über die Formulierung der Futterwirkung". Die Tierernährung, **2**, 193, 1931.

[42] ZAUSCH, M.: „Der Einfluß verschiedenartiger Mineralstoffgaben auf den endogenen und exogenen Stickstoff-Stoffwechsel nach Versuchen an Albinoratten und Schweinen". Kühn-Archiv, **68**, 141, 1954.

[43] ZIMMERMANN, G.: „Die Wirkung der Hitzebehandlung auf den Nährwert des Eiweißes in Nahrungs- und Futtermitteln". Diss. E.T.H. Zürich, Nr. 1885, 1952.

Eingegangen am 1. 9. 1960

Aus dem Institut für Tierernährungslehre der Landwirtschaftlichen Hochschule Hohenheim
(Direktor: Prof. Dr. Dr. Dr. h. c. W. WÖHLBIER)

W. WÖHLBIER, W. SCHNEIDER, L. OBERDORF u. *M. KIRCHGESSNER*

Über die Verluste beim Lagern von Rinderkot und -harn

Bei der Durchführung von Verdauungs- und Bilanzversuchen können nur dann exakte Ergebnisse erzielt werden, wenn u. a. die „Einnahmen" und „Ausgaben" der Versuchstiere den tatsächlichen Gegebenheiten entsprechend erfaßt werden. Bei der Ermittlung der „Ausgaben" der Tiere ergeben sich jedoch verschiedene Schwierigkeiten. So können sich z. B. die täglichen Kot- und Harnausscheidungen sowohl in der Menge als auch der Zusammensetzung nach stark unterscheiden, weshalb jeder Versuch mehrere Tage einschließen muß. Da aber in vielen Fällen aus arbeitstechnischen Gründen eine Analyse der einzelnen Tagesausscheidungen nicht möglich ist, ergibt sich die Notwendigkeit, die durchschnittlichen täglichen Ausscheidungen aus der Analyse einer „Sammelprobe" zu ermitteln. Die so erzielten Ergebnisse können allerdings nur dann genau sein, wenn während der „Sammelzeit" und der Verarbeitung des Untersuchungsmaterials keinerlei Nährstoffverluste auftreten. Wegen der Bedeutung dieses Problems wurden darüber schon zahlreiche Arbeiten durchgeführt (u. a. [1-8]), die aber nach unserer Meinung noch nicht alle damit im Zusammenhang stehenden Fragen geklärt haben. Über einige infolgedessen von uns unternommene Versuche wird nachfolgend berichtet.

Im Verlauf des Jahres 1958 führten wir verschiedene Untersuchungen durch, die sich damit befaßten, ob und gegebenenfalls in welchem Umfang bei der Lagerung von *Rinderkot* und -harn Veränderungen bzw. Verluste auftreten. Da bei Stoffwechselversuchen der Kot der Versuchstiere nur mit einem großen personellen Aufwand sofort nach dem Absetzen erfaßt und aus dem Stall entfernt werden kann, prüften wir als erstes, wie lange frisch abgesetzter Rinderkot im Stall verbleiben darf, ohne daß er Verluste, die das Versuchsergebnis beeinflussen, erleidet. Wir gingen dabei von der Annahme aus, daß der Kot auch bei ungünstigen Arbeitsverhältnissen maximal nicht länger als 12 Stunden im Stall verbleibt. Infolgedessen wurden verschiedene Kote 12 Stunden lang im Stall ohne jegliche Sicherungszusätze oder sonstige Vorsichtsmaßnahmen dem vollen Luftzutritt ausgesetzt und die während dieser Zeit entstandenen Verluste ermittelt. Während die üblichen Analysen im Frischkot nach den Vorschriften des Verbandes Deutscher Landwirtschaftlicher Untersuchungs- und Forschungsanstalten ausgeführt wurden, mußte die Trockensubstanz-Bestimmung abgeändert werden, da die Wägegläschen erst nach zehnstündiger Trocknung bei 105°C Gewichtskonstanz aufwiesen. Die durchschnittlichen Ergebnisse von vier zwölfstündigen Lagerungsversuchen sind in Tab. 1 zusammengestellt.

Tabelle 1. *Veränderungen im Frischkot innerhalb einer zwölfstündigen Lagerung* (in % des Anfangswertes)

Wasser	− 5,7 ± 1,0*)	Gesamt-N_2	− 0,5 ± 0,7
Trockensubstanz	− 0,1 ± 0,6	Reineiweiß-N_2	− 0,5 ± 0,8

Man sieht, daß weder Trockensubstanz- noch Stickstoffverluste aufgetreten sind. Es kann also gefolgert werden, daß Rinderkot zwölf Stunden nach dem Absetzen im Stall verbleiben kann, ohne daß er weitgehenden Veränderungen – außer der Wasserverdunstung – unterliegt.

Als nächste Frage wurde untersucht, unter welchen Bedingungen Frischkot am besten aufbewahrt werden kann. Als wesentlichste Faktoren, welche die Verlustbildung bei der Lagerung tierischer Ausscheidungen beeinflussen, gelten in der Literatur der Grad des Luftabschlusses, die Aufbewahrungstemperatur und die Aufbewahrungsdauer. Da bei der Sammlung der Exkremente über mehrere Tage hinweg die Sammelprobe täglich vergrößert wird, ist ein vollständiger Luftabschluß fast nie oder nur unter großen Schwierigkeiten zu erzielen. Aus arbeitstechnischen Gründen ist deshalb eine Lagerung ohne Luftabschluß wünschenswert. Die Aufbewahrungstemperatur kann heute wohl am ehesten den Erfordernissen angepaßt werden. Die Aufbewahrungsdauer dürfte in den meisten Fällen 14 Tage nicht überschreiten. Außerdem wird, um Lagerungsverluste zu vermeiden, neben einer möglichst kurzen Lagerungsdauer bei niedrigen Temperaturen noch die Einmischung verschiedener Konservierungsmittel in das Lagerungsgut vorgeschlagen, was jedoch einen zusätzlichen Arbeitsaufwand bedeutet. Unter Berücksichtigung dieser Punkte prüften wir deshalb den Einfluß der Lagerungstemperatur und den zweier Zusätze auf die Lagerungsverluste. Zu diesem Zweck wurden verschiedene Kote gleichmäßig in Eimern – oberflächlich abgedeckt – 14 Tage lang bei + 2° C und + 20° C aufbewahrt. Als Zusätze wurden *Chloroform und Formalin* verwendet, von denen jeweils 50 ml je kg Frischkot eingemischt wurden. Die durchschnittlichen Ergebnisse sind in Tab. 2 zusammengestellt.

Tabelle 2. *Veränderungen im Frischkot innerhalb einer 14-tägigen Lagerung* (in % des Anfangswertes)

Temperatur	Zusatz	Wasser	Trock.-Subst.	Gesamt-N_2	Reineiweiß-N_2
+ 2° C	—	− 1,3 ± 1,0	+ 0,1 ± 0,2	− 0,4 ± 0,7	− 0,9 ± 0,5
+ 2° C	Chloroform	− 0,9 ± 0,3	− 0,2 ± 0,3	− 0,4 ± 0,6	− 0,8 ± 0,1
+ 2° C	Formalin	− 1,4 ± 0,1	+ 0,4 ± 0,5	− 0,0 ± 0,5	− 0,1 ± 1,1
+ 20° C	—	− 8,8 ± 7,1	− 3,1 ± 0,8	− 2,8 ± 1,6	− 8,3 ± 2,0
+ 20° C	Chloroform	− 11,6 ± 13,5	− 3,2 ± 0,1	− 3.1 ± 0,4	− 5,1 ± 4,1
+ 20° C	Formalin	− 11,6 ± 12,0	− 0,1 ± 0,2	− 0,5 ± 0,4	− 2,2 ± 1,2

*) Die ±-Werte geben die jeweilige Standardabweichung an.

Der Tabelle kann entnommen werden, daß die Aufbewahrungstemperatur den größten Einfluß auf die Lagerungsverluste ausübt. Bei einer Temperatur von + 2° C sind sowohl an Trockensubstanz als auch an Gesamt-N_2 keine Verluste aufgetreten. Infolgedessen konnten sich die Zusätze nicht auswirken und ihre Anwendung erscheint überflüssig. Anders verhält es sich dagegen bei einer Temperatur von + 20° C. Wenn keinerlei Zusätze angewendet werden, treten recht erhebliche Trockensubstanz- und Stickstoffverluste auf. Das Gleiche gilt auch für die in der Tabelle nicht angeführten Nährstoffgruppen. Der Chloroformzusatz zeigte keinerlei Wirkung. Dies dürfte aber damit zusammenhängen, daß sich der Zusatz infolge seiner starken Verdunstungsneigung sehr schnell verflüchtigt hat. Bei einer luftdichten Aufbewahrung sind wahrscheinlich bessere Ergebnisse zu erzielen. Darauf deuten auch die Versuche mit Formalin als Zusatz hin. Mit diesem Mittel wurden durchaus befriedigende Ergebnisse erzielt. Trotzdem erscheint vom arbeitstechnischen Standpunkt aus die Aufbewahrung von Frischkot bei niedriger Temperatur ohne Zusätze das Mittel der Wahl zu sein.

Analog den Kotuntersuchungen führten wir auch Versuche mit *Rinderharn* durch. Dabei wurde allerdings nur der Stickstoffgehalt des Harnes berücksichtigt. Rein arbeitstechnisch ist es am günstigsten, wenn bei Stoffwechselverlusten der Harn 24 Stunden im Stall verbleiben kann, bzw. wenn die Harnauffangflasche nur alle 24 Stunden geleert werden muß. Infolgedessen prüften wir zuerst, welche Stickstoffverluste bei 24-stündiger Lagerung bei 20° C unter normalen Stallverhältnissen ohne Konservierungsmittel auftreten. Die Veränderungen betrugen durchschnittlich 0,00 ± 0,02%. Daraus ergibt sich, daß keinerlei Stickstoffverluste zu befürchten sind.

Bei den 14-tägigen Harn-Lagerungsversuchen wurde auf Grund der mit Kot erzielten Ergebnisse auf die Anwendung von Konservierungsmitteln verzichtet. Wir prüften nur den Einfluß der Lagerungstemperatur und den des Luftabschlusses. Die Ergebnisse bringt Tab. 3.

Tabelle 3. *Stickstoffverluste im Harn bei 14-tägiger Lagerung*
(in % des Ausgangswertes)

Temperatur	Flaschenverschluß	N_2-Verlust
+ 2° C	offen	− 0,6 ± 0,2
+ 2° C	geschlossen	− 0,2 ± 0,3
+ 20° C	offen	−49,6 ± 0,6
+ 20° C	geschlossen	− 0,3 ± 0,3

Bei luftdichter Aufbewahrung ergaben sich sowohl bei einer Temperatur von + 2° C als auch bei + 20° C keine Stickstoffverluste. Dagegen treten bei offener Aufbewahrung schon bei einer Temperatur von + 2° C gesicherte, wenn auch nicht nennenswerte, Verluste auf. Bei der höheren Temperatur sind sie dagegen recht beträchtlich. Da normalerweise der Harn stets in verschließbaren Flaschen aufbewahrt werden kann, erscheint nach diesen Ergebnissen die zusätzliche Anwendung von Konservierungsmitteln als überflüssig.

Zusammenfassung

Die Verluste bei der Lagerung von Rinderkot sind in erster Linie von der Aufbewahrungstemperatur abhängig. Während einer 14-tägigen Lagerung bei + 2° C traten – im Gegensatz zu einer Lagerungstemperatur von + 20° C – keine Nährstoffverluste auf. Der Zusatz von Konservierungsmitteln (Chloroform und Formalin) erwies sich deshalb bei der niederen Temperatur als überflüssig. Formalin konnte jedoch bei der höheren Lagerungstemperatur Verluste an Trockensubstanz und Stickstoff verhüten. Eine 12-stündige Lagerung von Kot im Stall hatte keine Nährstoffverluste zur Folge. Rinderharn erlitt keine Stickstoffverluste, wenn er 14 Tage bei + 2° C oder + 20° C in verschlossenen Flaschen aufbewahrt wurde. Dagegen brachte eine Lagerung in offenen Flaschen schon bei + 2° C geringfügige Stickstoffverluste mit sich. Eine 24-stündige Lagerung in offenen Flaschen bei + 20° C hatte noch keine Stickstoffverluste zur Folge.

Literaturverzeichnis

[1] BACHMANN, F.: Diss. ETH. Zürich 1946.

[2] COLOVOS, N. F., KEENER, H. A. und H. A. DAVIS: J. Dairy Sci. **40**, 173—179, 1957.

[3] FRENCH, R. B.: J. agric. Res. **41**, 503—506, 1930.

[4] JACOBSEN, W. C., KANE, E. A. und W. P. FLATT: J. Animal. Sci. **18**, 650—54, 1959.

[5] OBERDORF, L.: Diss. Landw. Hochschule Hohenheim, 1959.

[6] RAYMOND, W. F. und C. E. HARRIS: J. Brit. Grassland Coc. **9**, 119—130, 1954.

[7] WINKLER, G.: Biedermanns Zbl. Agrikulturchem. ration. Landwirtschaftsbetrieb, Abt. B **11**, 206—13, 1939.

[8] WÖHLBIER, W. und G. EGGERS: Handbuch der Landw. Versuchs- und Untersuchungsmethodik Bd. **13**, 1953.

Eingegangen am 13. 10. 1960

Berichtigung

In der Arbeit von H. J. OSLAGE, F. E. FARRIES und H. KEPPEL, „Über den intestinalen Abbau von Calciumoxalat beim Wiederkäuer, III. Teil: Untersuchungen zur Resorption von Calcium aus Calciumoxalat mit Hilfe der Isotopentechnik", Archiv für Tierernährung, *10,* 374–388 (1960) muß es an folgenden Stellen richtig heißen:

Seite 384, Abs. 1, Zeile 8:

„Das ist im besonderen während der ersten 5 Versuchstage der Fall, wo die spezifische Aktivität nach $Ca(^{45}Ca)\ Cl_2$ mit 1,47 μ C/g Ca gegenüber 0,22 μ C/g Ca nach $Ca(^{45}Ca)\ (COO)_2 \cdot H_2O$ etwa siebenmal höher war."

Seite 384: Unterschrift zu Abb. 3:

„Autoradiogramm verschiedener Skeletteile nach Zugabe von $Ca(^{45}Ca)\ (COO)_2 \cdot H_2O$ (Hammel U)

Links: Metacarpus im Längsschnitt

Mitte: 8. Rippe, dorsaler Teil im Längsschnitt, ventraler Teil in Aufsicht.

Rechts: 3. Halswirbel im Längsschnitt.

Seite 386:

„Abb. 5. Autoradiogramm vom Längsschnitt des Metacarpus nach Zugabe von $Ca(^{45}Ca)\ (COO)_2 \cdot H_2O$ (Hammel U)."

Kolibri 360 GmbH
Ferdinand-Jühlke-Straße 7
99095 Erfurt, Deutschland
produktsicherheit@kolibri360.de